みんなの量子コンピュータ

QUANTUM COMPUTING FOR EVERYONE

量子コンピューティングを構成する
基礎理論のエッセンス

著者●Chris Bernhardt
監修・翻訳●湊雄一郎・中田真秀

SE

本書内容に関するお問い合わせについて

このたびは翔泳社の書籍をお買い上げいただき、誠にありがとうございます。弊社では、読者の皆様からのお問い合わせに適切に対応させていただくため、以下のガイドラインへのご協力をお願い致しております。下記項目をお読みいただき、手順に従ってお問い合わせください。

●ご質問される前に

弊社 Web サイトの「正誤表」をご参照ください。これまでに判明した正誤や追加情報を掲載しています。

正誤表　　　　　https://www.shoeisha.co.jp/book/errata/

●ご質問方法

弊社 Web サイトの「刊行物 Q & A」をご利用ください。

刊行物 Q & A　　https://www.shoeisha.co.jp/book/qa/

インターネットをご利用でない場合は、FAX または郵便にて、下記"翔泳社 愛読者サービスセンター"までお問い合わせください。

電話でのご質問は、お受けしておりません。

●回答について

回答は、ご質問いただいた手段によってご返事申し上げます。ご質問の内容によっては、回答に数日ないしはそれ以上の期間を要する場合があります。

●ご質問に際してのご注意

本書の対象を越えるもの、記述個所を特定されないもの、また読者固有の環境に起因するご質問等にはお答えできませんので、あらかじめご了承ください。

●郵便物送付先および FAX 番号

送付先住所 〒 160-0006 東京都新宿区舟町 5

FAX 番号 03-5362-3818

宛先　（株）翔泳社 愛読者サービスセンター

謝辞

　この本を手伝ってくれた多くの人々に感謝を述べたいと思います。マット・コールマンさん、スティーブ・ルメイさん、ダン・ライアンさん、クリス・スタエッカーさん、そして 3 人の匿名レビュアーが細心の注意を払っていくつもの草稿を読んでくれました。彼らの改善や修正はこの本を計り知れないほど良いものとしてくれました。また、MIT Press のマリー・リーさんとリーさんのチームのサポートによって、ラフな提案を本の形にまでまとめてくれたことに感謝します。

はじめに

　本書は、高校の数学まで学んでいて、あと少し努力できる人なら誰でも理解できる、量子コンピューティングへの入門書です。量子ビット、量子もつれ、量子テレポーテーション、量子アルゴリズムなど量子関連のトピックを取り上げます。目標は、これらの概念について曖昧な考えを与えることではなく、非常に明確に理解してもらうことです。量子コンピューティングはよくニュースに取り上げられます。中国は地上から衛星へ量子ビットをテレポートさせました。ショアのアルゴリズムは、現在の暗号化方式を危険にさらしています。量子鍵配送は再び暗号化方式を安全にするでしょう。グローバーのアルゴリズムはデータ検索を高速化するでしょう。しかし、これらのことはどのような意味を持つのでしょうか。実際にどのように機能するのでしょうか。そういったことについて説明をしていきます。

　数学を使わずに説明できるでしょうか。いいえ、何が起こっているのかを本当に理解したいのであれば必要になります。根本的な考えは量子力学から来ていて、量子力学は直感に反するときもあります。日常生活の中では経験できないため、言葉で表現しようとしてもうまくいきません。さらに悪いことに、言葉による説明は、本当は理解していないにも関わらず、私たちに理解したという誤解を与えることがよくあります。幸いにも、それほどたくさんの数学を学ぶ必要はありません。数学者としての私の役割は、絶対に必要なものだけにこだわり、数学をできるだけ単純化すること、そしてそれがどのように使われ、何を意味するのかを説明する基本的な例題を与えることです。とは言っても、この本にはおそらくあなたが今まで見たことのない数学的なアイデアが含まれています。そして、すべての数学と同様に、新しい数学的な概念は最初は奇妙に思えるかもしれません。例題をなんとなくごまかすのではなく、計算の各ステップに従って慎重に読むことが大事です。

　量子コンピューティングは、量子物理学と計算機科学の見事な融合で

す。それは 20 世紀における物理学の最も驚くべきアイデアのうちのいくつかを、計算のまったく新しい考え方として取り入れています。量子コンピューティングの基本単位は量子ビットです。私たちは、量子ビットが何であるか、そしてそれらを測定したとき何が起こるのかを見ていきます。古典ビットは 0 か 1 を取ります。0 のビットを測定すると 0 が得られます。また、1 のビットを測定するとやはり 1 になります。どちらの場合もビットは変化しません。しかし量子ビットはまったく事情が異なります。量子ビットは無限の状態のうち 1 つの状態をとり、それは 0 と 1 の重ね合わせと呼ばれます。古典ビットと同様に測定すると、0 または 1 の 2 つの値のいずれかの値になります。測定をすると量子ビットは変化します。単純な数学モデルにより、これらすべてを正確に説明することができます。

　量子ビットはまた、「もつれる」こともできます。もつれた量子ビットの片方を測定すると、もう一方の量子ビットの状態に影響を与えます。繰り返しますが、これは私たちが日常生活で体験しないことで、数学的なモデルによって完全に説明することができます。

　「重ね合わせ」、「測定」、「量子もつれ」の 3 つは、大事な量子力学的なアイデアです。それらが何を意味するのかがわかれば、計算でどのように使われるのかを理解することができます。ここに人類の創意工夫が表れています。

　数学者は証明を美しいということがあります。そして、予期しないような洞察を含むことがあります。これから取り上げるトピックの多くについても、同様です。ベルの定理、量子テレポーテーション、超高密度符号化、すべては宝石のようです。そして誤り訂正回路やグローバーのアルゴリズムはとてつもなく素晴らしいです。

　この本を読み終わるころには、あなたは量子コンピューティングの根底にある基本的な考えを理解し、その独創的で美しい構造を目の当たりにするでしょう。また、量子コンピューティングと古典コンピューティングは 2 つの異なる学問分野ではなく、量子コンピューティングは計算の、より

本質的な形であり、古典コンピュータで計算できるものはすべて量子コンピュータで計算できる、ということがわかるでしょう。ビットではなく、量子ビットが計算の基本単位であると言えるでしょう。「計算」とは、突き詰めると「量子計算」のことを意味します。

最後に、この本は量子コンピューティングの理論に関するものであることを強調しておきます。ハードウェアではなくソフトウェアに関する本です。ハードウェアについてはところどころ簡潔に説明し、時にどのように物理的に量子ビットでもつれを作るかなどについて触れますが、それらはあくまで余談や補足です。本書は、どのように量子コンピュータを構築するかについてではなく、それをどのように使うかについて書いています。

下記は本の内容の簡単な説明です。

第1章 古典コンピューティングの基本単位はビットです。ビットは2つのとりうる状態のうちの1つになりえるものであれば、なんでも表現することができます。一般的な例は、オンまたはオフにできる電気スイッチです。一方、量子コンピューティングの基本単位は量子ビットです。これは、電子のスピンまたは光子の偏光で表すことができますが、スピンや偏光の特性は、スイッチがオンまたはオフであるという現象に比べると、私たちには馴染みがあるものではありません。

まずはオットー・シュテルンとヴァルター・ゲルラッハの銀原子の磁気的性質を調べた古典的な実験から始めて、スピンの基本的な特性を学んでいきます。スピンをさまざまな異なる方向で測定するとどうなるかを見ていきます。測定は量子ビットの状態に影響を与えることがあります。測定に関連した本質的な不確実さについても説明します。

この章では最後に、偏光フィルターと通常の光を使用して、スピンの実験と同様の実験を実行できることを示して終わります。

第2章 量子計算は線形代数と呼ばれる数学の分野に基づいています。幸いなことに線形代数のうちのいくつかの考え方だけを学べば済みます。ここでは必要な線形代数を紹介し、後の章でどのように使用されるのかを

説明します。

　ベクトルと行列を紹介し、ベクトルの長さを計算する方法と2つのベクトルが直交しているかどうかを判定する方法を示します。この章ではまずベクトルの基本操作から始め、行列がこれらの計算を同時に実行することをいかに簡便にしているかというのを見ます。

　線形代数は最初はどこに役に立つかわかりづらいですが、だんだんとわかってくることでしょう。線形代数は量子コンピューティングの基盤を形成しています。この本の残りの章ではここで紹介した線形代数を主に利用しているので、この章は特に注意深く読む必要があります。

第3章　この章では、前の2つの章の繋がりについて説明します。スピン、またはそれと等価な偏光の数学的なモデルを線形代数を使って構築します。この数学モデルは量子ビットの定義を与え、測定したときに何が起こるかを正確に記述することができます。

　いくつかの異なる方向で量子ビットを測定した時の例を用意しています。この章は、BB84プロトコルで記述された量子暗号の紹介で終わります。

第4章　この章では、2つの量子ビットがもつれることの意味について説明します。量子もつれは言葉で表現するのは難しいのですが、数学的に表現するのは簡単です。ここで登場する新しい数学的なアイデアは「テンソル積」です。これは、個々の量子ビットの数学モデルを組み合わせて、量子ビットの集まりを記述する1つのモデルを作成する最も簡単な方法です。

　数学は比較的わかりやすいですが、量子もつれは私たちが日常生活で体験するものではありません。一対のもつれた量子ビットのうちの片方が測定されると、それはもう片方の量子ビットに影響を与えます。これを嫌っていたアルバート・アインシュタイン[1]は、「不気味な遠隔操作」と呼んでいました。ここではいくつかの例を見ます。

---

[1]　Albert Einstein（1879年 — 1955年）

この章は、光速よりも速く交信するために量子もつれを使用することはできないことを示して締めくくります。

第5章 量子もつれに対するアインシュタインの懸念と、隠れ変数理論が局所性を維持できるか否かを見ていきます。ベルの不等式という驚くべき理論的帰結から、アインシュタインの主張が正しいかどうかを実験的に決めることができるのを見ていきます。ご存知のように、アインシュタインの見解は間違っていました。しかし、ベルさえもアインシュタインが正しいと考ていました。

アルトゥール・エカート[2]は、ベルの不等式の実験で用いた手法は、暗号化に使用される安全な鍵を生成するために使えると同時に、盗聴者が存在するかどうかをテストするための両方に応用できることに気付きました。この暗号プロトコルの説明で章を締めくくります。

第6章 この章は、計算の標準的なトピック（ビット、ゲート、ロジック）から始まります。次に、可逆計算とエド・フレドキンのアイデアについて簡単に説明します。フレドキンゲートとトフォリゲートの両方がユニバーサル（普遍的）であることを示します。つまりフレドキンゲート（またはトフォリゲート）だけを使って汎用的なコンピュータを構築することができます。この章は、フレドキンのビリヤードボールコンピュータで終わります。これは残りの章を理解するためというより、非常にオリジナリティの高い話のため、入れています。このコンピュータは、互いに衝突するボールで構成されています。それは相互作用する粒子のイメージを想起させ、リチャード・ファインマンが量子コンピューティングのアイデアに興味を持つようになったきっかけの1つです。ファインマンはこの問題について初期の論文をいくつか書いています。

第7章 この章では、量子回路を使った量子コンピューティングの学習を始めます。量子ゲートが定義され、量子ゲートが量子ビットにどのよう

---

[2]　Artur. Konrad Ekert（1961年 —）

に作用するかを見て、これまで学んできたことを理解します。見方を変えるだけでいいのです。直交行列を私たちの実験装置に作用すると考えるのではなく、量子ビットに作用すると考えれば良いのです。さらに、超高密度符号化、量子テレポーテーション、量子状態の複製、そしてエラー訂正に関して驚くべき結果を証明していきます。

第8章　ここはおそらく最も難しく、そしてやりがいのある章です。ここではいくつかの量子アルゴリズムを見て、古典アルゴリズムと比較してどれくらい速く答えを計算することができるかを示していきます。アルゴリズムの速度について語るためには、計算の複雑性理論のさまざまな考えを知る必要があります。まずクエリの複雑さと呼ばれるものを定義し、3つの量子アルゴリズムを調べ、それらがクエリの複雑さに関して古典アルゴリズムよりも速いことを示します。

　量子アルゴリズムは問題の根底にある構造を利用して問題を解きます。量子アルゴリズムは、考えうるすべての状態を重ね合わせた量子並列性を利用する以上のことをしています。この章では、数学的に取り上げる最後のパーツであるクロネッカーの行列積について紹介します。しかし、この部分の難しさは、私たちがまったく新しい方法で計算しているということと、これらの新しいアイデアを使って問題を解決することを考えた経験がないということに起因しています。

第9章　最後の章では、量子コンピューティングが私たちの生活に及ぼす影響について考察します。ピーター・ショアとロブ・グローバーによってそれぞれ発明された2つの重要なアルゴリズムについて簡単に説明することから始めます。

　ショアのアルゴリズムは大きな数をいくつかの素数の積に素因数分解する方法を提供します。これはそれほど重要には思えないかもしれませんが、インターネットで使用されるセキュリティは、この問題を解くのが難しいということに立脚しています。大きな素数の積を素因数分解できるということは、コンピュータ間の取引を保護するための現在のセキュリティを揺

るがす脅威になります。現在利用されているような大きな数を素因数分解できるほど十分に強力な量子コンピュータが完成するまでにはしばらく時間がかかるかもしれませんが、その脅威は現実のものであり、コンピュータが安全に通信できる方法を再設計する必要に迫られています。

グローバーのアルゴリズムは特殊なデータ検索用アルゴリズムです。どのように小さい問題において働くか、そしてそれが一般的にどのように働くかを示していきます。グローバーのアルゴリズムとショアのアルゴリズムは、問題が高速に解けるということだけでなく、それらがもたらす新しい考え方も重要です。根本的な考え方は、新世代のアルゴリズムに導入され、そしてこれからも導入されるでしょう。

アルゴリズムを見た後で少し頭を切り替えて、量子計算を使用して量子的な過程をシミュレートする方法を簡単に見ていきます。化学は最も基本的なレベルでは量子力学です。古典的な計算化学は、量子力学的な方程式を取り上げ、古典的なコンピュータを使ってそれらをシミュレートします。これらのシミュレーションは近似的であり、詳細を無視します。これは多くの場合うまく機能しますが、確実ではありません。量子コンピュータは、このような場合に必要な詳細を与えることができるはずです。

この章では、実際の量子コンピュータについても簡単に説明します。ここは非常に急成長している分野です。最初の量子コンピュータはすでに売りに出されていますし、クラウド上には誰でも無料で利用できる量子コンピュータもあります。どうやらすぐにでも量子超越の時代に突入しそうです（これが何を意味するのかは説明します）。

この本は、量子コンピューティングは新しいタイプの計算ではありませんが、計算の本質の発見であるという認識をもって結びとしています。

まえがき

　量子コンピュータが世界を変えようしています。本書の翻訳中に Google は量子超越性を達成したと発表しました。今現在、地球上にある最も高速なコンピュータを用いても 1 万年かかる計算が Google の開発した量子コンピュータではたった 200 秒でできてしまったという報告です。計算は実用的なものではありませんでしたが、人類にはとって大きな一歩です。

　圧倒的に高速な量子コンピュータは、セキュリティ、暗号、通信で社会を根本的に変えてしまう可能性があります。逆に今までのインターネットの暗号が破られてしまうかもしれません。そうなると世界は一気に量子暗号通信、量子計算に移行しなければなりません。

　他にも、さまざまな最適化問題、化学の問題への応用、計算量やメモリ使用量が多くて諦めざるを得なかった問題が解けると考えられています。

　そのような期待感から、量子コンピュータが話題に上る日も多く、仕組を基礎から勉強してみたい人も増えてきました。専門的な教科書はいくつか出版されていますが、特に大学一年生向けに書かれた本はほとんどありません。この本はそのニーズを満たすものです。実際はやる気のある高校生ならば読んで理解することができます。

　構える必要はまったくありません。原著者は数学者ですが、高度な数学ではなく、本質的に重要な部分のみを、一つ一つ丁寧に具体例を交えて説明しています。みなさんも物理、数学、コンピュータという幅広い分野をここまで簡明に説明できていることに、感銘を受けるのではないでしょうか。

　本書を読んだ人は量子コンピュータがなぜ大変高速で、アルゴリズムがなぜ面白いか、世界中の人々がなぜ研究、開発しているのかを理解できるでしょう。私たちも大変興奮しながらこの本を訳しました

　皆さんが量子コンピュータに興味を持つことを願っています。

湊雄一郎、中田真秀

2019 年 12 月

目　次

第3章 スピンと量子ビット 45

第4章 量子もつれ 69

第 1 章

スピン

すべての計算では、データを入力し、特定の規則に従ってデータを操作し、そして最終的な答えを出力します。古典的な計算では、ビットはデータの基本単位です。量子計算では、この単位は量子ビットです。

古典ビットは、2つの取りうる状態のうちの1つに対応します。あるものが厳密に2つの状態のみを取ることができるとき、ビットを表すことができます。後にさまざまな例（論理式の真偽やスイッチのオン/オフ、ビリヤードボールの有無など）を示します。

量子ビットは、ビットのように、2つの状態が取れますが、ビットとはまったく異なり、これら2つの状態を重ね合わせることもできます。これは何を意味するのでしょうか。2つの状態の重ね合わせとは一体何でしょう。また、量子ビットを表す、物理的なものは何でしょうか。スイッチに対応する量子的なものとは何でしょうか。

量子ビットは、電子のスピンまたは光子の偏光によって表せます。私たちは電子のスピンや光子の偏光の知識をほとんど持っていませんので、電子のスピンや光子の偏光である、ということは特に有用とは思えませんが、かまわず見てみましょう。まずは、スピンと偏光を説明するための基本的な事柄から始めましょう。そのために、銀原子のスピンに関してオットー・シュテルン[1]とヴァルター・ゲルラッハ[2]によって行われた基礎とな

---

[1]　Otto Stern（1888 年 — 1969 年）
[2]　Walther Gerlach（1889 年 — 1979 年）

る実験について説明します。

1922 年に、ニールス・ボーア[3]の惑星モデルは現在でもほぼ通用する原子のモデルを構築しました。このモデルでは、原子は正電荷の原子核があり、その周りを負電荷の電子が周回します。軌道は円形であり、特定の半径のみ取ることが許されていました。最も内側の軌道は最大で 2 つの電子を含むことができます。これが満たされると、電子は次の準位を満たし始め、最大で 8 個の電子を持つことができます。銀原子は 47 個の電子を持っています。これらのうちの 2 つは最も内側の軌道にあり、それから 8 つは次の軌道にあり、そしてさらに 18 の電子が 3 番目と 4 番目の軌道にあります。これにより、最も外側の軌道に孤立電子が 1 つ残ります。

円軌道を運動する電子は磁場を発生させます。内側の軌道の電子は対になっており、対のそれぞれはお互いにスピンを持っているので、磁場は相殺され、なくなってしまいます。しかし、一番外側の軌道に残った 1 電子は他の電子によって相殺されない磁場を作ります。これは、原子全体が N 極と S 極の両方を持つ小さな磁石と見なせることを意味します。

シュテルンとゲルラッハは、これらの磁石の NS 極の軸が特定の方向に固定されている場合とそうでない場合について、磁石がどの方向でも向くことができるかどうかをテストする実験をしました。この実験では図 1–1 に示すように一対の磁石を通して銀原子のビームを送ります。磁石を V 字型に置くことによって、S 極が N 極よりも強く作用するようにします。銀原子の上部が N 極で下部が S 極の磁石となっている場合、銀原子は装置の両方の磁石に引き寄せられますが、S 極の磁石が勝ち、粒子は上方へ引き寄せられます。同様に、銀原子の上部が S 極で下部が N 極の磁石となっている場合、装置の両方の磁石によって反発されますが、やはり S 極が勝ち、粒子は下方へ引き寄せられます。装置を通過した後、原子はスクリーン上に集められます。

---

[3] Niels Henrik David Bohr (1885 年 — 1962 年)

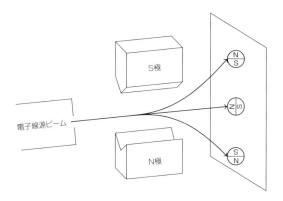

図1-1：シュテルン＝ゲルラッハの実験装置

　古典的な観点からは、原子の磁極はどんな方向にも揃えることができます。もし磁極が水平に整列していれば、偏向はありません。偏向の大きさは原子の磁極が水平から外れた角度に対応し、原子の磁極が垂直に整列した時に最大の偏向が起こります。

　古典的な観点が正しければ、実験装置からたくさんの銀原子を放出した場合、スクリーンの上から下の方へ連続した線が得られるはずです。しかし、これはシュテルンとゲルラッハが得た結果ではありません。実験結果によると、スクリーンにはちょうど2つの点が現れました。1つは一番上に、もう1つは一番下でした。すべての原子は、垂直に並べられた小さな棒磁石のように振る舞いました。他の方向をもった原子は存在しませんでした。どうしてこうなったのでしょうか。

　何が起こっているのかをより詳細に分析する前に、原子から電子に視点を移してみます。原子は小さな磁石のように振る舞うだけでなく、それらの構成要素も同様に振る舞います。量子コンピュータについて論じるとき、主に電子とそのスピンについて論じます。銀原子と同様に電子のスピン[4]を

---

[4]　スピンという用語は標準的な用語であるためこれを使い続けますが、本書では磁極の軸を決定しているだけです。

垂直方向に測定した場合、電子も N 極または S 極に偏向しています。繰り返しますが、銀原子のように、電子は N 極と S 極が垂直方向に完全に整列した小さな磁石となっていることがわかります。電子は他のどの方向にも向きません。

　実際には、先ほど示したシュテルン＝ゲルラッハの装置を使って自由電子の電子スピンを測定することはできません。なぜなら、電子が負の電荷を持ち、磁場は運動している荷電粒子を偏向させるためです。そうはいっても、次にあげる図は、さまざまな方向のスピンを測定した結果を表すものとしては便利な表現となります。この図に沿って考えます。読者がいる場所が電子ビーム源です。磁石は読者と本書の間に並べます。点は、電子がどのように偏向されるかを示しています。図 1–2 の左の図は磁石による偏向を示しています。右の図は、N 極と S 極のある磁石としての電子の図です。電子は垂直方向にスピン N 極の状態をとっているといいます。図 1–3 はもう一方の可能性を示しており、電子は垂直方向にスピン S 極の状態をとっているといいます。

(a)実験結果　　　　　　　　(b)電子の図

図1–2：スピン N が垂直方向にある電子

(a)実験結果　　　　　　　　(b)電子の図

図1–3：スピン S が垂直方向にある電子

スピン偏向を理解するには、S 極磁石が N 極磁石よりも強く作用することを覚えておくと役立ちます。したがって、偏向の方向を計算するには、この磁石の効果を検討すればよいことになります。電子の N 極が S 極磁石と接近している場合、それは引き寄せられ、偏向は S 極の方向になります。電子の S 極が S 極磁石に接近していると反発し、偏向は N 極の方向になります。

もちろん、垂直方向を選んだことについて何か特別なことはありません。たとえば、磁石は 90 度回転させることができます。電子は依然として N 極磁石、S 極磁石によって偏向されます。この場合、図1–4 と図1–5 に示すように、電子はその N 極と S 極が水平方向に整列した磁石として振る舞います。

| (a)実験結果 | (b)電子の図 |

図1–4：スピン N が 90 度方向にある電子

| (a)実験結果 | (b)電子の図 |

図1–5：スピン S が 90 度方向にある電子

次章以降、磁石をさまざまな角度で回転させます。時計回り方向で角度を測定し、0 度は上向きの垂直方向を表し、θ は上向きの垂直方向からの角度を表します。図 1-6 は、角 θ の方向にスピン N 極を持つ電子を表しています。

スピンは上、下、左、右とも表現されます。電子が 0 度方向に N 極であるという説明はやや扱いにくいですが、特に装置を 180 度回転させると

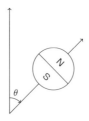

図1-6：スピン N が回転角 θ にある電子

きなど、上下などに使用する際のうっかりミスを防ぐことができます。た
とえば、図 1-7 に描かれているのは両方とも、0 度方向にスピン N 極を
持つ電子、または同じことですが、180 度方向にスピン S 極を持つ電子を
表しています。

(a)実験結果　　　　(b)実験結果　　　(c)電子の図

図1-7：スピン N が 0 度にある電子

　電子スピンについてより深く調べる前に、本書で使われる比喩表現につ
いて取り上げておきましょう。

1.1　量子時計

　時計を持っているとしましょう。これには普通の 1 時間おきの時刻を記
した文字盤と針があります。しかし、あなたは時計の文字盤を見ることが
できず、質問することしかできないとします。あなたは時計の針がどちら
の方向を指しているのか知りたいので、時計に「何時ですか？」と聞きた
いところですが、それもできないこととします。ただし、時計の針が文字

盤のどの時刻を指しているかどうかだけは尋ねることができます。たとえ
ば、時計の針が 12 を指しているかどうか、あるいは 4 を指しているかど
うかは尋ねることができます。

　対象が普通の時計で、あなたが「イエス」の答えを得たとしたら、それ
は非常に幸運なことです。ほとんどの場合、時計の針はまったく異なる方
向を向いています。しかし、量子時計は通常の時計とは異なります。それ
は「イエス」と答えるか、あるいは針が尋ねたものと正反対の方向を向い
ているかを答えます。針が 12 の方向を向いているかどうかを尋ねると、
そうであるか、または 6 の方向を向いているかのどちらかを教えてくれま
す。針が 4 の方向を向いているかどうかを尋ねると、4 または 10 の、ど
ちらかを向いていると教えてくれます。量子時計は非常に不思議ですが、
電子スピンとまったく同じです。

　これまで述べたとおり、電子スピンは量子ビットを定義するときの参考
になります。量子計算をするつもりならば、スピンの測定がどうなってい
るかをしっかり理解する必要があります。まず、複数回測定した場合に何
が起こるか見てみましょう。

1.2　同じ方向での測定

　測定は繰り返し可能です。まったく同じ測定を繰り返すと、完全に同じ
結果が得られます。たとえば、電子の垂直方向のスピンを測定するとしま
しょう。実験装置をもう 2 つ用意して、最初の装置の後ろに配置し、同じ
実験を繰り返します。追加した装置の一台は、1 つ目の装置によって上方
に偏向された電子を捕らえるために、もう一台は下方に偏向した電子を捕
らえるために、それぞれ適切に配置します。最初の装置によって上方に偏
向された電子は 2 つ目の装置によって上方に偏向され、最初の装置によっ
て下方に偏向された電子は 2 つ目の装置によって下方に偏向されます。

　これは、最初電子が方向 0 度にスピン N 極を持つように、1 つ目の実験

装置で測定したものが、2 つ目の測定によってもまた電子が方向 0 度にス
ピン N 極を持つことを意味します。同様に、電子が最初に 0 度の方向に
スピン S 極を持つように測定され、同じ実験を繰り返すと、それはまた方
向 0 度の方向にスピン S 極を持つことになります。量子時計のアナロジー
を使うと、針が 12 を指しているかどうか繰り返し尋ねたら、繰り返し同
じ答えを得ます。常に 12 を指しているか、常に 6 を指しているか、です。

　もちろん、方向が垂直、というのに特別な意味はありません。θ 度の方
向から測定し、同じ方向に繰り返し測定した場合、毎回まったく同じ結果
が得られます。実験結果は、完全に N 極からなる文字列、または完全に S
極からなる文字列となります。

　次に考えるべきことは、同じ向きの測定を繰り返さないとどうなるかで
す。たとえば、最初に垂直方向、次に水平方向に測定するとどうなるで
しょうか。

1.3　さまざまな方向での測定

　電子のスピンを最初に垂直方向に測定し、次に水平方向に測定します。
垂直方向に電子を測定する 1 つ目の実験装置を通して電子ビームを送りま
す。前回と同様に、最初の実験装置の後ろに 2 つの実験装置を配置し、最
初の実験装置から来る電子を捕捉します。前回との違いは、これら 2 つの
実験装置は 90 度回転させ、水平方向のスピンを測定します。

　最初に、1 つ目の実験装置によって上向きに偏向された電子ビームを見
てみましょう。これらは 0 度方向にスピン N 極を持っています。それら
が 2 番目の実験装置を通過すると、90 度の方向にそれらの半分がスピン
N 極を持ち、もう半分がスピン S 極を持つことがわかります。90 度方向
のスピンの並びは完全にランダムです。0 度方向に N 極を持った電子を、
90 度方向に再度測定したときに、S 極または N 極どちらを向いているか
を判断する方法はありません。同様の結果が、最初の実験装置によってス

ピン S 極を垂直方向に持つようにした場合にも成り立ちます。半分が水平方向にスピン N 極を持ち、もう半分が水平方向にスピン S 極を持ちます。繰り返しますが、N 極と S 極の測定結果の列は完全にランダムです。

　量子時計に対しての同様の試みは、時計の針が 12 の方向を向いているかどうかを尋ね、そして次に 3 の方向を向いているかどうか尋ねることです。たくさんの時計を持っていて、これらに 2 回質問をするならば、2 回目の質問に対する答えはランダムになるでしょう。時計の半分は、針が 3 の方向を向いていると答えるでしょうし、残りの半分は 9 の方向に向いていると答えるでしょう。最初の質問に対する答えは、2 番目の質問に対する答えとは関係ありません。

　最後に、3 回測定したときに何が起こるかを見ていきます。最初に垂直方向、次に水平方向、そして垂直方向に測定します。

　最初の実験装置から出てきた 0 度の方向にスピン N 極を持つ電子ビームを考えます。90 度方向のスピンを測定すると、それらの半分はスピン N 極を持ち、半分はスピン S 極を持つことがわかります。1、2 回目の測定でスピン N 極に対応する電子ビームを使い、3 回目の測定で垂直方向のスピンを測定しましょう。この場合電子のちょうど半分が 0 度方向にスピン N 極を持ち、半分がスピン S 極を持ちます。また、実験結果として N 極と S 極の列は完全にランダムです。電子が最初に垂直方向にスピン N 極だったということは、再び垂直方向に測定したときにそれらがもう一度スピン N 極である、ということとは関係がありません。

　これらの結果からどのような結論を引き出すことができるでしょうか。それらは 3 つあり、すべて重要です。

　1 つ目。まったく同じ質問を繰り返し続けると、まったく同じ答えが得られます。つまり明確な答えがある場合もあり、いつも質問に対してランダムな答えを得ているわけではありません。

　2 つ目。ランダム性が発生しているようです。一連の質問をすると、最終結果はランダムになる可能性があります。

　3つ目。測定は結果に影響を与えます。同じ質問を3回すると、まった
く同じ答えが3回得られることがわかりました。しかし、最初の質問と3
番目の質問が同じで、2番目の質問が異なる場合、最初の質問と3番目の
質問の答えは同じである必要はありません。たとえば、時計の針が12を
向いているか3回続けて尋ねると、毎回まったく同じ答えが得られます
が、最初に12を向いているかどうかを尋ね、次に3を指しているかを尋
ね、最後に、それが12を指しているかを尋ねた場合、最初の質問と3番
目の質問の答えが同じである必要はありません。他の2つの場合との唯
一の違いは2番目の質問です。そのため、この質問は次の質問の結果に影
響を与えているはずです。これらについてもう少し詳しく、まずは測定か
ら説明します。

1.4　測定

　古典力学ではボールを投げたとき、空中でどんな軌跡を描くかを考える
ことがあります。軌跡は微積分を使用して計算できますが、計算を実行す
るには、ボールの質量や初速度などの量を知る必要があります。これらを
どのように測定するかは、理論の一部ではありません。これらの量は知ら
れていると仮定します。暗黙の了解として、測定を行うことは重要ではな
い、ということです。測定を行ってもモデル化されている系には影響しま
せん。ボールを空中に投げる例では、まったくそのとおりです。たとえ
ば、スピードガンを使ってその初速度を測定することができます。測定に
はボールからの光子の跳ね返りが発生します。跳ね返った光子はボールに
影響を与えますが、これは無視できます。これが古典力学の根底にある考
え方です。測定は研究対象に影響しますが、測定の影響を十分小さくする
ような実験を行えば、結果的に無視することができます。

　量子力学では、原子や電子のような小さな粒子を考えます。ここで、そ
れらから光子を跳ね返すことはもはや無視できない効果をもたらします。

何らかの測定を行うためには、系と測定装置とを相互作用させなければなりません。これらの相互作用は系を乱すようなことを行うので、もはや測定行為そのものを無視することはできません。測定が理論の基本的な要素になることは驚くべきことではありませんが、測定をどのように行うかが重要な要素となるのは予想外だったのではないでしょうか。たとえば、最初に電子のスピンを垂直方向に測定し、次に水平方向のスピンを測定する場合を考えてみましょう。

　最初の実験装置を通過した後に 0 度方向にスピン N 極を持つ電子のちょうど半分が、2 番目の実験装置で測定したときに 90 度方向にスピン N 極を持つことがわかりました。磁石の強度が結果に何らかの影響を及ぼしているように思われるかもしれません。磁石の磁場が強すぎて磁石としての電子の軸が実験装置の磁場と一致するようにねじれているのかもしれません。だとすると磁石が弱いとねじれが少なくなり、別の結果が得られる可能性があります。しかし、これでは測定が理論に組み込まれてはいません。これから見るように、このモデルは測定の「強さ」を考慮に入れていません。そうではなく、それは測定を行う実際のプロセスは、どのように行われても、系に影響を与えます。後で、スピンの測定が量子力学でどのように扱われるかをモデル化する数学について説明します。測定が行われるたびに、系が特定の方法で変更されることがわかります。「特定の方法」は行われる測定の種類に依存しますが、測定の強度には依存しません。

　測定を理論に取り入れることは、古典力学と量子力学の違いの 1 つです。そして、もう 1 つの違いはランダム性に関するものです。

1.5 ランダム性

量子力学はランダム性を含みます。たとえば、最初に垂直方向、次に水平方向に電子ビームのスピンを測定し、第 2 の実験装置からの結果を記録すると、N 極と S 極の文字列が得られます。この文字列は完全にランダムです。たとえば、$NSSNNNSS\cdots$ のようになります。

古典的な実験で、半分の確率で 2 つの文字のランダムな列を生成するには、偏りのないコインを投げればできます。もし偏りのないコインを投げたら、表裏裏表表表裏裏……、という文字列を得るかもしれません。この両方の例では同じ結果が得られますが、理論上ではランダム性の解釈方法に大きな違いがあります。

コインを投げることは古典力学によって説明されます。微積分を使用してモデル化することができます。コインの表が上か、それとも裏が上かを計算するには、初期条件を慎重に測定する必要があります。コインの重さ、地面からの高さ、親指のコインへかける力、親指が打ったコインの正確な箇所、コインの位置など。これらすべての値を正確に考えると、理論からコインがどちらを向いて落ちるかがわかります。すべてが正確にわかる場合は決してランダムにはなりません。しかしコインを投げるたびにランダムに見えます。これはコインを投げるたびに初期条件が少しずつ変わるからです。これらのわずかな違いでコインは表またはその逆の裏を向く結果になります。古典力学には本当のランダム性はありません。入力のわずかな変化が増幅され、まったく異なる結果が生じることがあり、これは初期値鋭敏性と呼ばれます。量子力学におけるランダム性に関する基本的な考え方は異なります。そのランダム性は真のランダム性です。

2 方向のスピン測定から得られた文字列 $NSSNNNSS\cdots$ は、これから説明するように、真にランダムであると見なされます。コイン投げの順序、表裏裏表表表裏裏……、はランダムに見えますが、古典的な物理法則は決定論的であり、無限の精度で測定を行うことができればこの見かけの

ランダム性は消えます。

　この段階で量子力学のランダム性を疑問視するのは当然です。アインシュタインは、かの有名な「神はサイコロを振らない」という言葉を残していますが、確かに彼はこの解釈を好きではありませんでした。未知の理論はありえないでしょうか。電子の初期条件についてもっと多くの情報を知っていたら、最終結果はもはやランダムではなく、完全に決まっているのではないでしょうか。隠れ変数は存在しないのでしょうか。つまりこれらの変数の値がわかれば、見かけのランダム性が消える、そんな変数はないでしょうか。以下では、真のランダム性が使用される数学的理論を説明します。第5章で隠れ変数についての疑問に戻り、そこで隠れ変数と真のランダム性の仮説を区別するための巧妙な実験について説明します。この実験は数回行われ、結果、量子力学のランダム性が現実のものであり、単純な隠れ変数理論は存在しないという結果で一致しています。

　この節では、量子ビットは電子のスピンまたは光子の偏光で表すことができるとしました。以下の章でスピンと偏光のモデルがどのように関連しているかを示します。

1.6　光子と偏光

　量子現象は信じられないほど小さいスケールでしか起こらず、日常生活のスケールでは見られないので、私たちは奇妙な量子現象に気付かないと言われます。この言葉はもっともですが、ごく小さな装置で電子スピンに類似した実験を行うこともできます。それは偏光に関するものです。

　実験を実行するには、3枚の正方形の直線偏光フィルターが必要です。まずフィルターを2枚用意し、重ねます。一方のフィルターを固定し、もう一方のフィルターを90度回転させます。フィルターが同じ方向に並んでいるときには光が通過しますが、一方のフィルターが90度回転したときには、完全に光が遮断されることがわかります。これは特に不思議なこ

とではありません。しかし今度は、光が通過しないように 2 つのフィルターを重ねて、3 枚目のフィルターを 45 度回転させて間に挟みます。驚くべきことに、光は 3 枚のフィルターが重なり合う領域を通過します ― フィルターが 2 枚重なった部分は光は通過しませんが、3 枚すべてが重なり合う場所は通過します。

　私は数年前に 3 枚のフィルターを使ったこの実験を行ったことがあります。物理学者である友人に偏光フィルターを持っているか尋ねると、彼は研究室に招待してくれました。友人は偏光フィルターの巨大なロールを持っており、少し切り取ってそれを私にくれました。私はハサミを使ってそれを 3cm くらいの 3 つの正方形に切って実験を行いました。結果、実験はうまくいきました。この実験はとても単純ですが、それでもなお驚くべきことです。私はそれ以来ずっと、財布の中に 3 つの偏光フィルターを入れて持ち歩いています。

　偏光を測定すると、光子は 2 つの垂直方向に偏光していることがわかります。これらの両方の方向は、光子の進行方向に垂直です。偏光フィルターは、2 つの方向のうち一方に偏光している光子を通過させ、もう一方に偏光している光子を吸収します。偏光フィルターはシュテルン＝ゲルラッハの装置に対応します。フィルターに光を通すことは、測定を行うことと考えることができます。スピンの場合と同様に、2 つの結果が考えられます。1 つは偏光方向がフィルターの偏光方向と揃う場合、つまり光子が通過する場合で、2 つ目は偏光方向がフィルターの方向と垂直である場合で、光子が吸収される場合です。

　ここで、偏光フィルターは垂直偏光を持つ光子を通過させ、水平偏光を持つ光子を吸収する方向にあるとします。電子スピンについての実験と対応するいくつかの実験を考えます。

　まず、2 枚の正方形の偏光フィルターがあり、両方とも同じ方向を向いているため、両方とも垂直偏光で光子を通過させるとします。フィルターを個別に見ると、予想通り、それらは灰色に見えます。フィルターは両方と

も少し光子を吸収しています。吸収された光子は水平偏光を持つものです。

　次に、フィルターの 1 枚を他のフィルターの上に重ねてスライドさせます。この時、光の量はほとんど変化しません。重なっている 2 枚のフィルターを通過する光量は、重なっていないときに各フィルターを通過する量とほぼ同じです。これを図 1-8 に示します。

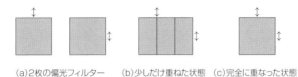

(a)2枚の偏光フィルター　　(b)少しだけ重ねた状態　(c)完全に重なった状態

図1-8：2 枚の直線偏光フィルターを同じ偏光方向で重ねる

　今度は偏光フィルターの 1 枚を 90 度回転させます。光沢のある表面から反射した光だったり、コンピュータのディスプレイからの光を見ているのではなく、通常の光の下では、水平に偏光された光子と垂直に偏光された光子の割合は同じです。このフィルターは 2 枚とも同じように灰色に見えます。これらのフィルターを重ね合わせる先ほどと同じ実験を行います。今度は、図 1-9 に示すように、光がフィルターの重なり合う領域を通過することはありません。

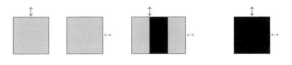

(a)2枚の偏光フィルター　　(b)少しだけ重ねた状態　(c)完全に重なった状態

図1-9：2 枚の直線偏光フィルターを違う偏光方向で重ねる

　3 番目の実験は、3 枚目のフィルターを 45 度回転させたものを使います。通常の光の条件下では、フィルターを回転させても何も起こりません。同じように灰色に見えます。次に、先ほど使った 2 枚の偏光フィルターを持ってきます。1 枚目の偏光方向は垂直方向で、2 枚目の偏光方向は水平方

向とします。その間に 3 枚目のフィルターを挟みます。先に述べたように
結果は驚くべきもので、直感的ではありません。光の一部は、3 枚すべての
フィルターが重なり合う領域を通過します（図 1–10）。偏光フィルターは
しばしばフィルターと呼ばれますが、この実験結果は明らかにフィルター
の本来の意味と違った働きをしています。つまり、2 枚のフィルターを通
過するよりも 3 枚のフィルターを通過する光が多くなるのです。

　何が起こっているのか簡単に説明しましょう。後ほど、スピンと偏光の
両方を記述する数学的モデルを紹介します。

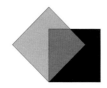

図1–10：3 枚の直線偏光フィルターをそれぞれ違う偏光方向で重ねる

　量子時計のことを思い出してください。針が 12 を指しているかどうか
を尋ねることも、6 を指しているかどうかを尋ねることもできます。どち
らの質問から得た情報でも、針が指している数字が 12 と 6 のどちらであ
るかはわかりますが、答えの「イエス」、「ノー」は逆になります。偏光フィ
ルターの場合、類似の質問はフィルターを 90 度回転させることであり、
180 度ではありませんが、得る情報は同じです。違いは、答えが「イエス」
の場合、光子はフィルターを通過し、さらに測定を行うことができますが、
答えが「ノー」の場合、フィルターは光子を吸収するため、それ以上測定
することはできません。

　最初の 2 回の実験では 2 枚のフィルターしか含まれておらず、まったく
同じことがわかります。測定を繰り返すと、同じ結果が得られます。どち
らの実験でも、垂直方向と水平方向の偏光を 2 回測定しています。これら
の実験では、1 枚目のフィルターを通過する光子は垂直方向を向いていま
す。2 枚目のフィルターも垂直方向を向いている最初の実験では、「光子

は垂直に偏光されていますか」という質問をしています。答えは2回とも「イエス」です。2回目の実験では、質問は「光子は水平に偏光されていますか」に変更されます。答えは「ノー」です。どちらの実験でも同じ情報が得られますが、2回目の実験の質問に対する答えが「ノー」の場合、光子は吸収され、最初の実験とは異なり、それ以上の質問はできません。3回目の実験では、45度回転させたフィルターが偏光を45度および135度の角度で測定しています。最初のフィルターを通過する光子は垂直に偏光します。2枚目のフィルターで測定すると、光子の半分は45度方向に、半分は135度方向に偏光しています。45度偏光のものはフィルターを通過し、他のものは吸収されます。3枚目のフィルターは、垂直方向と水平方向の偏光を測定します。入射する光子は45度の偏光を持ち、垂直方向と水平方向で測定すると、半分は垂直偏光を持ち、半分は水平偏光を持ちます。フィルターは垂直に偏光した光子を吸収し、水平に偏光している光子を通過させます。

1.7 まとめ

この章では、古典的なビットはオンまたはオフできるスイッチのような日常的な物で表すことができると述べましたが、量子ビットは一般には電子のスピンまたは光子の偏光などで表されます。スピンと偏光は直感的ではなく、古典的なものとはまったく異なる性質を持っています。

スピンを測定するには、まず測定する方向を選択してから、その方向で測定する必要があります。スピンは量子化されています。測定すると、連続した範囲の結果ではなく、結果は2つだけ得られます。これらの結果に古典的なビットを割り当てることができます。たとえば、N 極を得たとすればそれを2進数の0と見なすことができ、S 極を取得すれば2進数の1と見なすことができます。これがまさに量子コンピュータから答えを得る方法です。計算の最後の段階は測定を行うことです。実際の計算には量子

ビットを利用しますが、最終的な答えは古典的なビットで書かれます。

　私たちは勉強を始めたばかりなので、できることには限りがあります。しかし、2進数のランダムな文字列を生成することはできます。 N 極と S 極のランダムな文字列を生成した実験は、0と1の文字列をランダムに生成した実験に書き換えることができます。その結果、最初に垂直方向、次に水平方向に電子のスピンを測定すると、0と1のランダムな列が得られます。これはおそらく量子ビットを使ってできる最も簡単なことですが、古典コンピュータではできないことです。古典コンピュータは決定論的で、ランダムについてのさまざまなテストに合格する文字列を計算できますが、これらは疑似ランダムであり、真にランダムではありません。それらはある決定論的関数によって計算されます、そしてその関数と最初のランダムの種を知っていれば、まったく同じ文字列を計算することができます。したがって、真にランダムな文字列を生成する古典的なコンピュータアルゴリズムはありません。このように、量子計算には古典計算よりも優れた利点があることがわかります。他の量子計算の説明を始める前に、さまざまな方向でスピンを測定したときに何が起こるかを説明する正確な数学モデルを知る必要があります。これは次の章からはじまる、線形代数、ベクトルに関連した代数です。

第2章
線形代数

量子力学は線形代数に基づいています。一般的な量子力学の理論は無限次元のベクトル空間を取り扱います。幸い、スピンまたは偏光を記述するために必要なのは有限次元の線形代数で、無限次元の線形代数と比べて非常に簡単です。実際に、本書ではいくつかの公式しか必要としません。この章の終わりにリストを用意しました。本章の他の部分では、公式の使い方と計算の意味について説明します。提示した練習問題について、すべてを習熟することが重要です。ここで紹介する数学は、続くすべての章を理解するのに不可欠です。多くの数学と同様に、一見複雑ですが、習熟することで直感的に理解できるようになります。実際の計算は、ほとんどが足し算と掛け算ですが、ときどき平方根と三角関数が出てきます。

本書ではポール・ディラック[1]の記法を使います。ディラックは量子力学の創始者の一人であり、ディラックの記法[2]は量子力学と量子計算の両方で広く使われています。残念なことにこれらの分野以外ではそれほどは使われていません。この記法がとても洗練されており、有用であるにも関わらずです。

まずは、これから使用する数の簡単な説明から始めます。これらは実数、つまり慣れ親しんでいる通常の 10 進数です。量子計算に関する他のすべ

---

[1]　Paul Adrien Maurice Dirac（1902 年 — 1984 年）
[2]　量子力学において量子状態を記述する標準的な記法。一般には「ブラ-ケット記法」として知られています。

ての本は、負の平方根を含む複素数を使用します。では、なぜ今回それら
を使用しないのかを説明することから始めましょう。

2.1　複素数と実数について

　実数はよくご存知だと思いますが、複素数はちょっと複雑です。これら
の数について話をするには、それらの絶対値、そして共役について説明し
なければなりません。この本でやろうとしていることを説明するには複
素数は必ずしも必要ではありません。むしろ変に難しくなるだけです。で
は、なぜ他の本は複素数を使っているのでしょう。そして実数ではできな
いが、複素数を使ってできることとは何でしょうか。これらの疑問に簡単
に答えましょう。

　第 1 章で電子のスピンをさまざまな角度で測定しました。これらの角度
はすべて平面内にありましたが、私たちは 3 次元の世界に住んでいます。
スピンの測定と量子時計の使用を比較しました。2 次元の文字盤を動く針
の方向のみ、尋ねることができました。3 次元に拡張すると、それは時計
の文字盤ではなく、中心から表面上の位置を示す矢印を持つ地球儀になり
ます。たとえば、矢印がニューヨークを指しているかどうかを尋ねること
ができます。答えはニューヨークを指すか、ニューヨークの正反対の位置
を指すということです。3 次元スピンの数学モデルでは複素数を使用しま
す。しかし、本書で見る量子ビットを含んだ計算では、スピンを 2 次元で
測定します。したがって、実数を使用した説明は複素数を使用した説明ほ
ど完全ではありませんが、必要なのは実数だけです。

　さらに、複素数は三角関数と指数関数を洗練された方法で統合します。
本書の最後に、ショアのアルゴリズムを見ていきます。これは複素数を使
わずに説明するのは難しいでしょう。しかし、このアルゴリズムには、数
論からの結果や、数が素数であるかどうかを判断するためのアルゴリズム
の速度に関する結果とともに、連分数も必要です。ショアのアルゴリズム

を詳細に説明しようとすれば、必要とされる数学的な洗練度と知識のレベルへの大きな飛躍が必要です。代わりに、アルゴリズムの根底にある基本的な考え方を説明し、これらがどのように組み合わさるかを示すにとどめます。繰り返しになりますが、ここでの説明では実数のみを使用します。

ですので、これからやろうとしていることのために複素数は必要ありません。しかし、この本を読んだ後で、もしあなたが量子計算を勉強し続けたいのであれば、複素数を学ぶことはより高度なトピックのために必要となるでしょう。

2.2 ベクトル

ベクトルは単に数値が並んだものです。ベクトルの次元は、数字がいくつ並んでいるかの数です。ベクトルが縦書きの場合は、それらを「列ベクトル」や「ケット」と呼びます。ベクトルが横書きの場合は、それらを「行ベクトル」、または「ブラ」と呼びます。ベクトルを構成する数字は、「要素」と呼ばれます。例をあげてみましょう。下記は3次元のケットと4次元のブラです。

$$\begin{bmatrix} 2 \\ 0.5 \\ -3 \end{bmatrix}、\quad \begin{bmatrix} 1 & 0 & -\pi & 23 \end{bmatrix}$$

ブラ、ケットの命名はポール・ディラックに由来します。彼はまた、これら2種類のベクトルに名前を付けるための表記法を導入しました。vのケットは$|v\rangle$、wのブラは$\langle w|$で表します。したがって、

$$|v\rangle = \begin{bmatrix} 2 \\ 0.5 \\ -3 \end{bmatrix}、\quad \langle w| = \begin{bmatrix} 1 & 0 & -\pi & 23 \end{bmatrix}$$

のようにも書けます。

後で、2つの異なる記号を使用して文字列を囲む理由と、角括弧がどちら

側にあるかについて説明します。今のところ重要なのは、ケットは列ベクトルを表し、ブラは行ベクトルとなっていることを覚えておいてください。

2.3　ベクトル図

　2 次元または 3 次元のベクトルは矢印として描くことができます。

$$|a\rangle = \begin{bmatrix} 3 \\ 1 \end{bmatrix}$$

を使用した例を見ていきましょう（以下の例では、ケットをよく使用しますが、必要に応じてブラに置き換えることができます）。この例のベクトルの最初の要素である 3 は、始点から終点までの x 座標の変化量です。2 番目の要素は、始点から終点までの y 座標の変化量を示します。このベクトルは任意の始点で描画することができます。始点の座標として (a, b) を選ぶと、その終点の座標は $(a + 3, b + 1)$ になります。始点が原点に描かれている場合、終点はベクトルの要素によって与えられる座標を持ちます。図 2-1 は、異なる始点で描かれた同じケットを示しています。

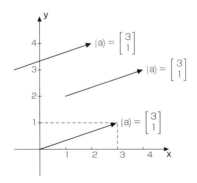

図2-1：同じケットを異なる始点から描いた

2.4 ベクトルの長さ

ベクトルの長さはその始点から終点までの距離です。これは要素の 2 乗和の平方根で求まります（これはピタゴラスの定理から来ています）。ケット $|a\rangle$ の長さを $\||a\rangle|$ で表すと、

$$|a\rangle = \begin{bmatrix} 3 \\ 1 \end{bmatrix}$$

の場合、$\||a\rangle| = \sqrt{3^2 + 1^2} = \sqrt{10}$ となります。より一般的には、

$$|a\rangle = \begin{bmatrix} a_1 \\ a_2 \\ \vdots \\ a_n \end{bmatrix}$$

の場合、$\||a\rangle| = \sqrt{a_1^2 + a_2^2 + \cdots + a_n^2}$ となります。

長さ 1 のベクトルは、単位ベクトルと呼ばれます。後で、量子ビットが単位ベクトルで表されることがわかります。

2.5 スカラーの乗算

ベクトルには実数を掛けることができます（線形代数では、数値はしばしばスカラーと呼ばれます。スカラーの乗算は単に数値を掛けることを意味します）。これを行うには、各要素に実数を掛けます。たとえば、

$$|a\rangle = \begin{bmatrix} a_1 \\ a_2 \\ \vdots \\ a_n \end{bmatrix}$$

に数 c を掛けると、

$$c|a\rangle = \begin{bmatrix} ca_1 \\ ca_2 \\ \vdots \\ ca_n \end{bmatrix}$$

が得られます。

　ベクトルに正の数 c を掛けると、その長さに係数 c が掛かることが確認できます。これを利用して、同じ方向を向いている長さの異なるベクトルを得ることができます。特に、単位ベクトルでないベクトルを、同じ方向の単位ベクトルにしたいことがよくあります。任意の非ゼロベクトル $|a\rangle$ が与えられると、その長さは $\|a\rangle|$ です。$|a\rangle$ にその長さの逆数を掛けると単位ベクトルが得られます。たとえば、すでに見たように、

$$|a\rangle = \begin{bmatrix} 3 \\ 1 \end{bmatrix}$$

とすると、$\|a\rangle| = \sqrt{10}$ となります。したがって、

$$|u\rangle = \frac{1}{\sqrt{10}} \begin{bmatrix} 3 \\ 1 \end{bmatrix} = \begin{bmatrix} \frac{3}{\sqrt{10}} \\ \frac{1}{\sqrt{10}} \end{bmatrix}$$

となり、

$$\|u\rangle| = \sqrt{\left(\frac{3}{\sqrt{10}}\right)^2 + \left(\frac{1}{\sqrt{10}}\right)^2} = \sqrt{\frac{9}{10} + \frac{1}{10}} = \sqrt{1} = 1$$

となります。$|u\rangle$ は、$|a\rangle$ と同じ方向を持った単位ベクトルになります。

2.6　ベクトルの加算

　2 つのベクトルが同じタイプ、つまり両方ともブラまたは両方ともケットで、さらに同じ次元を持つとすると、それらを加えて同じタイプ、同じ次元の新しいベクトルを得ることができます。このベクトルの最初の要素

は 2 つのベクトルの最初の要素同士を加算したもの、2 番目の要素は 2 番目の要素同士を加算したものなどです。たとえば、

$$|a\rangle = \begin{bmatrix} a_1 \\ a_2 \\ \vdots \\ a_n \end{bmatrix} \quad , \quad |b\rangle = \begin{bmatrix} b_1 \\ b_2 \\ \vdots \\ b_n \end{bmatrix}$$

とすると、

$$|a+b\rangle = \begin{bmatrix} a_1 + b_1 \\ a_2 + b_2 \\ \vdots \\ a_n + b_n \end{bmatrix}$$

となります。

　ベクトルの加算は、ベクトルの加算に対する中線定理とよく呼ばれるものによって描くことができます。ベクトル $|b\rangle$ の始点が $|a\rangle$ の終点になるようにベクトル $|b\rangle$ を描画すると、$|a\rangle$ の始点から $|b\rangle$ の終点に向かうベクトルは $|a+b\rangle$ になります。これは三角形を使って描くことができます。

　$|a\rangle$ と $|b\rangle$ の役割を交換して、$|a\rangle$ の始点を $|b\rangle$ の終点にすることもできます。$|b\rangle$ の始点から $|a\rangle$ の終点に向かうベクトルは $|b+a\rangle$ です。繰り返しますが、これは三角形になります。しかし、私たちは $|a+b\rangle = |b+a\rangle$ であることを知っています。そのため、両方のベクトルが同じ始点と終点を持つ $|a+b\rangle$ と $|b+a\rangle$ の三角形構造を描画すると、2 つの三角形が組み合わさって対角線が $|a+b\rangle$ と $|b+a\rangle$ の両方を表す平行四辺形になります。図 2-2 は、

$$|a\rangle = \begin{bmatrix} 3 \\ 1 \end{bmatrix} \quad , \quad |b\rangle = \begin{bmatrix} 1 \\ 2 \end{bmatrix}$$

として、

$$|a+b\rangle = |b+a\rangle = \begin{bmatrix} 4 \\ 3 \end{bmatrix}$$

を示しています。

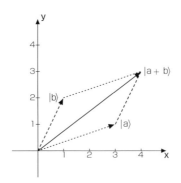

図2-2：ベクトルの加算に対する中線定理

2.7　直交ベクトル

　図 2-2 は、ベクトルの加算のいくつかの基本的な特性を視覚化するのに役立ちます。最も重要なものの 1 つは、ピタゴラスの定理から来ています。a、b、c が三角形の 3 辺の長さを表す場合、その三角形が直角三角形である場合に限り、$a^2 + b^2 = c^2$ が成り立ちます。つまり、2 つのベクトル $|a\rangle$ と $|b\rangle$ が、$\||a\rangle|^2 + \||b\rangle|^2 = \||a+b\rangle|^2$ の場合に限り垂直であることを示しています。

　直交は垂直と同じ意味で、線形代数でよく使われます。ですので、2 つのベクトル $|a\rangle$ と $|b\rangle$ が、$\||a\rangle|^2 + \||b\rangle|^2 = \||a+b\rangle|^2$ の場合に限り直交している、と言い換えることができます。

2.8　ブラとケットの積

　同じ次元のブラとケットがある場合、左側のブラと右側のケットを掛け合わせて、1 つの数を得ることができます。それは次のように行われます。ここでは、$\langle a|$ と $|b\rangle$ の両方が n 次元であると仮定します。

$$\langle a| = \begin{bmatrix} a_1 & a_2 & \cdots & a_n \end{bmatrix}、\quad |b\rangle = \begin{bmatrix} b_1 \\ b_2 \\ \vdots \\ b_n \end{bmatrix}$$

　2つのベクトルの積を表すためには連結をします。積の記号を書かず、単にベクトルを並べて書きます。したがって、積は $\langle a||b\rangle$ と書けます。ブラとケットの重複した垂直線の片方を省略し、$\langle a|b\rangle$ が得られます。これが、これから使用する表記法です。ブラとケットの積の定義は次のとおりです。

$$\langle a|b\rangle = \begin{bmatrix} a_1 & a_2 & \cdots & a_n \end{bmatrix} \begin{bmatrix} b_1 \\ b_2 \\ \vdots \\ b_n \end{bmatrix} - a_1 b_1 + a_2 b_2 + \cdots + a_n b_n$$

　ブラとケットの垂直線はくっつきます。この事実は、ブラの右側およびケットの左側に垂直線があることを覚えておくのに役に立ちます。「ブラ」と「ケット」という名前は、括弧の「ブラケット」に由来します。これは、2つの名前を連結したものです。ちょっとした言葉遊びですが、ベクトルの積の場合、「ブラ」は「ケット」の左側にあることを覚えるのに役立ちます。

　線形代数では、この積は内積またはドット積と呼ばれることがありますが、ブラケット表記は量子力学で使用されるものであり、本書全体で使用されるものです。

　さて、ブラとケットの積を定義したので、それを使って何ができるかを見てみましょう。まずベクトルの長さを見直してみます。

2.9　ブラケットと長さ

$|a\rangle$ というケットがある場合、同じ名前のブラ $\langle a|$ も自明に定義されます。これらは両方ともまったく同じ要素を持っていますが、要素が $|a\rangle$ は垂直に、$\langle a|$ は水平に並んでいます。

$$|a\rangle = \begin{bmatrix} a_1 \\ a_2 \\ \vdots \\ a_n \end{bmatrix}、\quad \langle a| = \begin{bmatrix} a_1 & a_2 & \cdots & a_n \end{bmatrix}$$

その結果、$\langle a|a\rangle = a_1^2 + a_2^2 + \cdots + a_n^2$ となり、$|a\rangle$ の長さは $\||a\rangle\| = \sqrt{\langle a|a\rangle}$ と簡潔に書くことができます。

例として、

$$|a\rangle = \begin{bmatrix} 3 \\ 1 \end{bmatrix}$$

の長さを計算してみましょう。

$$\langle a|a\rangle = \begin{bmatrix} 3 & 1 \end{bmatrix} \begin{bmatrix} 3 \\ 1 \end{bmatrix} = 3^2 + 1^2 = 10$$

となり、平方根を取ることで $\||a\rangle\| = \sqrt{10}$ が得られます。

単位ベクトルはとても大事です。くどいようですが、$\langle a|a\rangle = 1$ の場合に限り、ケット $|a\rangle$ が単位ベクトル（長さ 1）です。

もう 1 つ重要なのは直交性です。ブラケットの積で、2 つのベクトルが直交しているかどうかがわかります。

2.10　ブラケットと直交性

　主なポイントは次のとおりです。$\langle a|b \rangle = 0$ の場合に限り、2 つのケット $|a\rangle$ と $|b\rangle$ は直交します。いくつかの例を見てから、なぜこの結果が正しいのかについて説明します。

$$|a\rangle = \begin{bmatrix} 3 \\ 1 \end{bmatrix} \;,\; |b\rangle = \begin{bmatrix} 1 \\ 2 \end{bmatrix} \;,\; |c\rangle = \begin{bmatrix} -2 \\ 6 \end{bmatrix}$$

であるとき、$\langle a|b \rangle$ と $\langle a|c \rangle$ を計算します。

$$\langle a|b \rangle = \begin{bmatrix} 3 & 1 \end{bmatrix} \begin{bmatrix} 1 \\ 2 \end{bmatrix} = 3 + 2 = 5$$

$$\langle a|c \rangle = \begin{bmatrix} 3 & 1 \end{bmatrix} \begin{bmatrix} -2 \\ 6 \end{bmatrix} = -6 + 6 = 0$$

　すなわち、$\langle a|b \rangle \neq 0$ なので、$|a\rangle$ と $|b\rangle$ は直交していないことがわかります。また、$\langle a|c \rangle = 0$ なので、$|a\rangle$ と $|c\rangle$ は直交していることがわかります。

　なぜこれが成り立つのでしょうか。2 次元のケットを例に説明します。

　まず、

$$|a\rangle = \begin{bmatrix} a_1 \\ a_2 \end{bmatrix} \;,\; |b\rangle = \begin{bmatrix} b_1 \\ b_2 \end{bmatrix}$$

とすると、

$$|a\rangle + |b\rangle = \begin{bmatrix} a_1 + b_1 \\ a_2 + b_2 \end{bmatrix}$$

となります。ここで $|a\rangle + |b\rangle$ の長さの 2 乗を計算してみましょう。

$$
\begin{aligned}
\||a\rangle + |b\rangle|^2 &= \begin{bmatrix} a_1 + b_1 & a_2 + b_2 \end{bmatrix} \begin{bmatrix} a_1 + b_1 \\ a_2 + b_2 \end{bmatrix} \\
&= (a_1 + b_1)^2 + (a_2 + b_2)^2 \\
&= (a_1^2 + 2a_1 b_1 + b_1^2) + (a_2^2 + 2a_2 b_2 + b_2^2) \\
&= (a_1^2 + a_2^2) + (b_1^2 + b_2^2) + 2(a_1 b_1 + a_2 b_2) \\
&= \||a\rangle|^2 + \||b\rangle|^2 + 2\langle a|b\rangle
\end{aligned}
$$

明らかにこの数は、$2\langle a|b\rangle = 0$ の場合に限り、$\||a\rangle|^2 + \||b\rangle|^2$ に等しくなります。ここで、$\||a\rangle|^2 + \||b\rangle|^2 = \|a + b\|^2$ の場合に限り、2 つのベクトル $|a\rangle$ と $|b\rangle$ が直交しているということを思い出してください。$|a\rangle + |b\rangle$ の長さの 2 乗についての計算を使用して、これを言い換えることができ、$\langle a|b\rangle = 0$ の場合に限り、2 つのベクトル $|a\rangle$ と $|b\rangle$ が直交します。

これは 2 次元のケットについて示したものですが、同じことを任意の次元のケットに拡張できます。

2.11 正規直交基底

「正規直交」は 2 つの単語からなります。正規は、正規化からきており、この場合は単位を意味します。直交は文字どおり直交です。2 次元のケットを扱う場合、正規直交基底は互いに直交する 2 つの単位ベクトルのケットで構成されます。一般に、n 次元のケットを扱う場合、正規直交基底は互いに直交する n 個の単位ベクトルのケットから構成されます。

2 次元のケットを見ることから始めます。すべての 2 次元ベクトルの集合は $\mathbb{R}^2$ によって表されます。$\mathbb{R}^2$ の正規直交基底は、直交する 2 つの単位ベクトル $|b_1\rangle$ と $|b_2\rangle$ を含んだ集合から構成されます。一対のケットが与えられ、それらが正規直交基底を形成するかどうかをチェックするためには、まずそれらが単位ベクトルであるかどうかを最初にチェックし、次にそれらが直交するかどうかをチェックしなければなりません。これらの条

件は両方ともブラケットを使って確認できます。すなわち、$\langle b_1|b_1\rangle = 1$、$\langle b_2|b_2\rangle = 1$、$\langle b_1|b_2\rangle = 0$ を満たしている必要があります。

標準基底と呼ばれる正規直交基底は、

$$|b_1\rangle = \begin{bmatrix} 1 \\ 0 \end{bmatrix} , |b_2\rangle = \begin{bmatrix} 0 \\ 1 \end{bmatrix}$$

の2つのベクトルを取ります。2つの特性が満たされていることを確認するのは簡単です。

$\left\{ \begin{bmatrix} 1 \\ 0 \end{bmatrix} , \begin{bmatrix} 0 \\ 1 \end{bmatrix} \right\}$ は特に見つけやすい基底ですが、他にも無限の選択肢が

あります。たとえば、$\left\{ \begin{bmatrix} \frac{1}{\sqrt{2}} \\ \frac{-1}{\sqrt{2}} \end{bmatrix} , \begin{bmatrix} \frac{1}{\sqrt{2}} \\ \frac{1}{\sqrt{2}} \end{bmatrix} \right\}$ や $\left\{ \begin{bmatrix} \frac{1}{2} \\ \frac{\sqrt{3}}{2} \end{bmatrix} , \begin{bmatrix} \frac{-\sqrt{3}}{2} \\ \frac{1}{2} \end{bmatrix} \right\}$ があり

ます。

第1章では、粒子のスピンを測定し、垂直方向と水平方向で測定されたスピンを見てきました。垂直方向でスピンを測定するための数学的なモデルは、標準基底を使用して与えられます。実験装置を回転させることは、新しい正規直交基底を選択することに対応することが数学的に説明できます。ここにあげた3つの2次元基底はすべてスピンに関する重要な解釈を持っていて、基底のベクトルを文字列で命名する代わりに矢印を使います。矢印の方向はスピンの方向に関係します。これが使用しようとしている基底です。

$$\left\{ |\uparrow\rangle = \begin{bmatrix} 1 \\ 0 \end{bmatrix} , |\downarrow\rangle = \begin{bmatrix} 0 \\ 1 \end{bmatrix} \right\} 、 \left\{ |\rightarrow\rangle = \begin{bmatrix} \frac{1}{\sqrt{2}} \\ \frac{-1}{\sqrt{2}} \end{bmatrix} , |\leftarrow\rangle = \begin{bmatrix} \frac{1}{\sqrt{2}} \\ \frac{1}{\sqrt{2}} \end{bmatrix} \right\} 、$$

$$\left\{ |\nearrow\rangle = \begin{bmatrix} \frac{1}{2} \\ \frac{-\sqrt{3}}{2} \end{bmatrix} , |\nwarrow\rangle = \begin{bmatrix} \frac{\sqrt{3}}{2} \\ \frac{1}{2} \end{bmatrix} \right\}$$

この3つの基底は、より簡潔に、$\{|\uparrow\rangle, |\downarrow\rangle\}$、$\{|\rightarrow\rangle, |\leftarrow\rangle\}$、$\{|\nearrow\rangle, |\nwarrow\rangle\}$ と書くことができます。これらは正規直交であるので、下記のブラケット

の値を持ちます。

$$\langle \uparrow \mid \uparrow \rangle = 1 \qquad \langle \downarrow \mid \downarrow \rangle = 1 \qquad \langle \uparrow \mid \downarrow \rangle = 0 \qquad \langle \downarrow \mid \uparrow \rangle = 0$$

$$\langle \rightarrow \mid \rightarrow \rangle = 1 \qquad \langle \leftarrow \mid \leftarrow \rangle = 1 \qquad \langle \rightarrow \mid \leftarrow \rangle = 0 \qquad \langle \leftarrow \mid \rightarrow \rangle = 0$$

$$\langle \nearrow \mid \nearrow \rangle = 1 \qquad \langle \swarrow \mid \swarrow \rangle = 1 \qquad \langle \nearrow \mid \swarrow \rangle = 0 \qquad \langle \swarrow \mid \nearrow \rangle = 0$$

2.12　基底ベクトルの線形結合としてのベクトル

　ケットと正規直交基底を考えると、どんなケットも基底ベクトルの加重和として表すことができます。現時点では、これがどんな役に立つか見当も付かないかもしれませんが、後に数学モデルの基礎となっている基本的な考え方の 1 つであることがわかります。では、2 次元ベクトルの例を見ることから始めましょう。

　$\mathbb{R}^2$ に含まれる任意のベクトル $|v\rangle$ は、$|\uparrow\rangle$ のスカラー倍と $|\downarrow\rangle$ のスカラー倍の和として書くことができます。これは、数 c、d に対して次の方程式、

$$\begin{bmatrix} c \\ d \end{bmatrix} = x_1 \begin{bmatrix} 1 \\ 0 \end{bmatrix} + x_2 \begin{bmatrix} 0 \\ 1 \end{bmatrix}$$

の解があるというのと同じです。これは $x_1 = c$ と $x_2 = d$ の解を持ち、これが唯一の解です。

　$\mathbb{R}^2$ 内の任意のベクトル $|v\rangle$ を $|\rightarrow\rangle$ と $|\leftarrow\rangle$ のスカラー倍の和として書くことはできるでしょうか。また、次の方程式は任意の実数 c と d に対する解を持っているでしょうか。

$$\begin{bmatrix} c \\ d \end{bmatrix} = x_1 |\rightarrow\rangle + x_2 |\leftarrow\rangle$$

　これはどのように解けばいいでしょうか。ケットを 2 次元の列ベクトルで置き換え、それから、得られる 2 つの線形方程式を使えば解くことができます。しかし、ブラとケットを使ったもっと簡単な方法もあります。

まず、方程式の両辺に左からブラ $\langle \rightarrow |$ を掛けます。

$$\langle \rightarrow | \begin{bmatrix} c \\ d \end{bmatrix} = \langle \rightarrow | (x_1 | \rightarrow \rangle + x_2 | \leftarrow \rangle)$$

次に、右辺を展開します。

$$\langle \rightarrow | \begin{bmatrix} c \\ d \end{bmatrix} = x_1 \langle \rightarrow | \rightarrow \rangle + x_2 \langle \rightarrow | \leftarrow \rangle$$

式の右辺のうち、両方のブラケットの値はわかります。1つ目が1で、2つ目は0です。つまり x_1 が $\langle \rightarrow | \begin{bmatrix} c \\ d \end{bmatrix}$ に等しいので、式の左辺の積の計算をするだけです。

$$\begin{aligned} \langle \rightarrow | \begin{bmatrix} c \\ d \end{bmatrix} &= \begin{bmatrix} \frac{1}{\sqrt{2}} & \frac{-1}{\sqrt{2}} \end{bmatrix} \begin{bmatrix} c \\ d \end{bmatrix} \\ &= (\frac{1}{\sqrt{2}})c - (\frac{1}{\sqrt{2}})d = \frac{(c-d)}{\sqrt{2}} \end{aligned}$$

したがって、

$$x_1 = \frac{(c-d)}{\sqrt{2}}$$

となります。

x_2 を見つけるのにまったく同じ方法を使うことができます。同じ方程式

$$\begin{bmatrix} c \\ d \end{bmatrix} = x_1 | \rightarrow \rangle + x_2 | \leftarrow \rangle$$

の両辺に、左からブラ $\langle \leftarrow |$ を掛けます。

$$\langle \leftarrow | \begin{bmatrix} c \\ d \end{bmatrix} = x_1 \langle \leftarrow | \rightarrow \rangle + x_2 \langle \leftarrow | \leftarrow \rangle = x_1 0 + x_2 1$$

したがって、

$$x_2 = \begin{bmatrix} \frac{1}{\sqrt{2}} & \frac{1}{\sqrt{2}} \end{bmatrix} \begin{bmatrix} c \\ d \end{bmatrix} = (\frac{1}{\sqrt{2}})c + (\frac{1}{\sqrt{2}})d = \frac{(c+d)}{\sqrt{2}}$$

となります。

これは、

$$\begin{bmatrix} c \\ d \end{bmatrix} = \frac{(c-d)}{\sqrt{2}} | \rightarrow \rangle + \frac{(c+d)}{\sqrt{2}} | \leftarrow \rangle$$

と書けることを意味します。

式の右辺の合計は、基底ベクトルに特定のスカラーを掛けてから、そのベクトル同士を足したものです。これを基底ベクトルの加重和として説明しましたが、この解釈には注意が必要です。スカラー量が正になる理由はありません。負になることもできます。この例では、c が -3、d が 1 のとき、両方の重み $\frac{(c-d)}{\sqrt{2}}$ と $\frac{(c+d)}{\sqrt{2}}$ は共に負になります。このため、加重和の代わりに基底ベクトルの線形結合という用語を使用します。

それでは n 次元を見てみましょう。n 次元のケット $|v\rangle$ と正規直交基底 $\{|b_1\rangle, |b_2\rangle, \cdots, |b_n\rangle\}$ が与えられたとします。$|v\rangle$ を基底ベクトルの線形結合として書くことができるでしょうか。もしそうなら、これを求めて一意に解が求まるでしょうか。もしくは、同じ意味として、

$$|v\rangle = x_1|b_1\rangle + x_2|b_2\rangle + \cdots + x_i|b_i\rangle + \cdots + x_n|b_n\rangle$$

の式は一意に解を持つでしょうか。繰り返しますが、答えは「イエス」です。これを見るために、x_i の値を見つける方法を示します。計算は 2 次元の場合に使用した方法とまったく同じです。方程式の両辺に $\langle b_i|$ を掛けることから始めましょう。$i \neq k$ の場合、$\langle b_i|b_k \rangle$ は 0 に等しく、$i = k$ の場合、$\langle b_i|b_k \rangle$ は 1 に等しいことがわかります。したがって、ブラを掛けた後、右辺は x_i に単純化され、$\langle b_i|v \rangle = x_i$ が得られます。$x_1 = \langle b_1|v \rangle$、$x_2 = \langle b_2|v \rangle$ などです。その結果、$|v\rangle$ を基底ベクトルの線形結合として書くことができます。

$$|v\rangle = \langle b_1|v\rangle|b_1\rangle + \langle b_2|v\rangle|b_2\rangle + \cdots + \langle b_i|v\rangle|b_i\rangle + \cdots + \langle b_n|v\rangle|b_n\rangle$$

この段階ではいくらか抽象的に見えますが、次の節で明確になります。異なる正規直交基底は、スピンを測定するために異なる向きを選ぶことに

対応します。$\langle b_i|v\rangle$ は確率振幅と呼ばれます。測定すると、$\langle b_i|v\rangle$ の2乗の確率で、$|v\rangle$ が $|b_i\rangle$ になる可能性があります。説明はこれですべてですが、上の方程式を理解することはこれから続く話題にとって重要です。

2.13　順序付き基底

　順序付き基底は、ベクトルに順序が与えられた基底です。つまり、最初のベクトル、2番目のベクトルなど、順序が定められます。$\{|b_1\rangle, |b_2\rangle, \cdots, |b_n\rangle\}$ が基底であるとき、順序付き基底を $(|b_1\rangle, |b_2\rangle, \cdots, |b_n\rangle)$ で表します。つまり、波括弧から丸括弧へ変更します。例として、$\mathbb{R}^2$ を見てみましょう。標準基底は $\{|\uparrow\rangle, |\downarrow\rangle\}$ であったことを思い出してください。2つの集合は要素が同じであれば等しくなります。要素の順序は関係ないので、$\{|\uparrow\rangle, |\downarrow\rangle\} = \{|\downarrow\rangle, |\uparrow\rangle\}$ となります。2つの集合は同一です。

　順序付き基底の場合は、基底ベクトルに与えられた順序が考慮されます。$(|\uparrow\rangle, |\downarrow\rangle) \neq (|\downarrow\rangle, |\uparrow\rangle)$ です。左辺の順序付き基底の最初のベクトルは、右辺の順序付き基底の最初のベクトルとは等しくありません。この2つの順序付き基底は別のものと考えます。

　順序のない基底と、順序付き基底の違いは些細なものと思われるかもしれませんが、実際はそうではありません。これから、基底ベクトルの集合の要素が同じで順序が異なる例を見ていきます。基底ベクトルの順序はとても重要です。

　たとえば、標準基底である $\{|\uparrow\rangle, |\downarrow\rangle\}$ が、垂直方向の電子のスピン測定に対応しているということを見ました。順序付き基底の $(|\uparrow\rangle, |\downarrow\rangle)$ は、実験装置の上に S 極がある状態に対応します。もし180度装置をひっくり返したら、基底要素をひっくり返して順序付き基底は $(|\downarrow\rangle, |\uparrow\rangle)$ となります。

2.14 ベクトルの長さ

ケット $|v\rangle$ と、正規直交基底 $\{|b_1\rangle,\ |b_2\rangle,\ \cdots,\ |b_n\rangle\}$ が与えられた時、$|v\rangle$ は次のように基底ベクトルの線形結合で書けることがわかりました。

$$|v\rangle = \langle b_1|v\rangle|b_1\rangle + \langle b_2|v\rangle|b_2\rangle + \cdots + \langle b_i|v\rangle|b_i\rangle + \cdots + \langle b_n|v\rangle|b_n\rangle$$

$c_n = \langle b_n|v\rangle$ として、これを次のように書き直します。

$$|v\rangle = c_1|b_1\rangle + c_2|b_2\rangle + \cdots + c_i|b_i\rangle + \cdots + c_n|b_n\rangle$$

$|v\rangle$ の長さを求めるには、次の便利な式があるので、これを使います。

$$\||v\rangle|^2 = c_1^2 + c_2^2 + \cdots + c_i^2 + \cdots + c_n^2$$

この式が正しい理由を簡単に見てみましょう。すでに $\||v\rangle|^2 = \langle v|v\rangle$ であることがわかっています。さらに、

$$\langle v| = c_1\langle b_1| + c_2\langle b_2| + \cdots + c_n\langle b_n|$$

なので、

$$\langle v|v\rangle = (c_1\langle b_1| + c_2\langle b_2| + \cdots + c_n\langle b_n|)(c_1|b_1\rangle + c_2|b_2\rangle + \cdots + c_n|b_n\rangle))$$

となります。

次のステップは、括弧内の項の積を展開します。これは一見、厄介そうですが、実はそうでもありません。ここで、$i \neq k$ の場合、$\langle b_i|b_k\rangle$ は 0 に等しく、$i = k$ の場合、$\langle b_i|b_k\rangle$ は 1 に等しくなることを再び使います。下付き文字が異なるすべてのブラケットの積は 0 です。0 でないブラケットの積は同じ添え字が繰り返されているもので、これらはすべて 1 になります。したがって、最終的に、

$$\langle v|v\rangle = c_1^2 + c_2^2 + \cdots + c_i^2 + \cdots + c_n^2$$

となります。

2.15　行列

　行列は長方形に並んだ数の配列です。m 行 n 列の行列 M は $m \times n$ 行列と呼ばれます。次の行列 A、B を見てください。

$$A = \begin{bmatrix} 1 & -4 & 2 \\ 2 & 3 & 0 \end{bmatrix}、\quad B = \begin{bmatrix} 1 & 2 \\ 7 & 5 \\ 6 & 1 \end{bmatrix}$$

　A は 2 行 3 列であるため、2×3 行列です。B は 3×2 行列です。ブラとケットは特殊なタイプの行列であると考えることができます。ブラは 1 行だけの行列で、ケットは 1 列だけの行列です。

　M^T と表される $m \times n$ 行列の、M の転置は、$n \times m$ 行列である M の、行と列を入れ替えることによってできます。M の i 番目の行が M^T の i 番目の列になり、M の j 番目の列が M^T の j 番目の行になります。これを A と B の行列に対して適用すると次のようになります。

$$A^T = \begin{bmatrix} 1 & 2 \\ -4 & 3 \\ 2 & 0 \end{bmatrix}、\quad B^T = \begin{bmatrix} 1 & 7 & 6 \\ 2 & 5 & 1 \end{bmatrix}$$

　列ベクトルは、1 列だけの行列と見なすことができ、行ベクトルは、1 行だけの行列と見なすことができます。この解釈により、同じ名前のブラとケットの関係は、$\langle a| = |a\rangle^T$、$|a\rangle = \langle a|^T$ となります。

　複数の行と列を持つ一般的な行列を考えると、行はブラを表し、列はケットを表します。この場合、A の行列は 2 つのブラを重ね合わせたもの、もしくは、3 つのケットが並んでいるものとして考えることができます。同様に、B は 3 つのブラが積み重ねられたか、もしくは、2 つのケットが並んでいるものと考えられます。

　行列 A と B の積はこの考え方を使います。積は AB と表現されます。A はブラで構成され、B はケットで構成されていると考えて計算できます（ブラは常にケットの前にくることを忘れないでください）。

$\langle a_1| = \begin{bmatrix} 1 & -4 & 2 \end{bmatrix}$ かつ $\langle a_2| = \begin{bmatrix} 2 & 3 & 0 \end{bmatrix}$ である $A = \begin{bmatrix} \langle a_1| \\ \langle a_2| \end{bmatrix}$ と、

$|b_1\rangle = \begin{bmatrix} 1 \\ 7 \\ 6 \end{bmatrix}$ かつ $|b_2\rangle = \begin{bmatrix} 2 \\ 5 \\ 1 \end{bmatrix}$ である $B = [|b_1\rangle \; |b_2\rangle]$ の積 AB は、次のように計算されます。

$$
\begin{aligned}
AB &= \begin{bmatrix} \langle a_1| \\ \langle a_2| \end{bmatrix} \begin{bmatrix} |b_1\rangle & |b_2\rangle \end{bmatrix} = \begin{bmatrix} \langle a_1|b_1\rangle & \langle a_1|b_2\rangle \\ \langle a_2|b_1\rangle & \langle a_2|b_2\rangle \end{bmatrix} \\
&= \begin{bmatrix} 1 \times 1 - 4 \times 7 + 2 \times 6 & 1 \times 2 - 4 \times 5 + 2 \times 1 \\ 2 \times 1 + 3 \times 7 + 0 \times 6 & 2 \times 2 + 3 \times 5 + 0 \times 1 \end{bmatrix} \\
&= \begin{bmatrix} -15 & -16 \\ 23 & 19 \end{bmatrix}
\end{aligned}
$$

A のブラの次元は B のケットの次元と等しいことに注意してください。ブラケット積を定義するには、これを行う必要があります。 $AB \neq BA$ であることにも注意してください。この例では、BA は 3×3 行列であり、AB と同じサイズですらありません。

一般に、$m \times r$ の行列 A と $r \times n$ の行列 B が与えられたとき、r 次元のブラで A の行列を書き、r 次元のケットで B を書きます。たとえば、

$$
A = \begin{bmatrix} \langle a_1| \\ \langle a_2| \\ \vdots \\ \langle a_m| \end{bmatrix} 、\quad B = [|b_1\rangle \; |b_2\rangle \; \cdots \; |b_n\rangle]
$$

という 2 つの行列の積 AB は、i 行目と j 列目の要素として $\langle a_i|b_j\rangle$ を持つ $m \times n$ 行列となります。

$$
AB = \begin{bmatrix}
\langle a_1|b_1\rangle & \langle a_1|b_2\rangle & \cdots & \langle a_1|b_j\rangle & \cdots & \langle a_1|b_n\rangle \\
\langle a_2|b_1\rangle & \langle a_2|b_2\rangle & \cdots & \langle a_2|b_j\rangle & \cdots & \langle a_2|b_n\rangle \\
\vdots & \vdots & \vdots & \vdots & \vdots & \vdots \\
\langle a_i|b_1\rangle & \langle a_i|b_2\rangle & \cdots & \langle a_i|b_j\rangle & \cdots & \langle a_i|b_n\rangle \\
\vdots & \vdots & \vdots & \vdots & \vdots & \vdots \\
\langle a_m|b_1\rangle & \langle a_m|b_2\rangle & \cdots & \langle a_m|b_j\rangle & \cdots & \langle a_m|b_n\rangle
\end{bmatrix}
$$

積の順序を逆にすると BA が得られますが、m と n が等しくない場合は計算することさえできません。ブラとケットの次元が異なるためです。また、m が n に等しく、それらの積をとることができても、サイズは $r \times r$ の行列になります。n が r と等しくなければ、これはサイズ $n \times n$ の AB と等しくありません。n、m および r がすべて互いに等しい場合であっても、AB が BA に等しくなることは通常ありません。行列の積は AB と BA が等しくない場合、非可換であると言います。

行と列の数とが同じ行数の行列を正方行列と呼びます。正方行列の左上から右下に向かう対角要素のことを、主対角要素といいます。正方行列のうち、主対角線の要素がすべて 1 で、その他の要素が 0 のものを単位行列と呼びます。$n \times n$ の単位行列は I_n で表します。

$$
I_2 = \begin{bmatrix} 1 & 0 \\ 0 & 1 \end{bmatrix}、\quad I_3 = \begin{bmatrix} 1 & 0 & 0 \\ 0 & 1 & 0 \\ 0 & 0 & 1 \end{bmatrix}, \quad \cdots
$$

単位行列は、行列に単位を乗算することが、数値を 1 で乗算することに似ていることから名前が付けられました。A が $m \times n$ の行列であると仮定します。その際、$I_m A = A I_n = A$ となります。

行列は、ブラとケットの計算をする際にとても役に立ちます。次の節では、それらをどのように使用するのかを示していきます。

2.16 行列計算

与えられた 1 組の n 次元ケット $\{|b_1\rangle,\ |b_2\rangle,\ \cdots,\ |b_n\rangle\}$ が、正規直交基底であるかどうかを確認したいとします。そのためには、それらがすべて単位ベクトルであることを確認し、次に、ベクトルが互いに直交していることを確認する必要があります。ブラとケットを使用してこれらの条件の両方をチェックする方法を見てきましたが、これらの計算は行列を使用して簡単に表すことができます。

まず $n \times n$ 行列の $A = [\,|b_1\rangle\quad |b_2\rangle\quad \cdots\quad |b_n\rangle\,]$ を作ることから始めて、それからその転置を取ります。

$$A^T = \begin{bmatrix} \langle b_1| \\ \langle b_2| \\ \vdots \\ \langle b_n| \end{bmatrix}$$

そして、$A^T A$ の積を取ります。

$$A^T A = \begin{bmatrix} \langle b_1| \\ \langle b_2| \\ \vdots \\ \langle b_n| \end{bmatrix} \begin{bmatrix} |b_1\rangle & |b_2\rangle & \cdots & |b_n\rangle \end{bmatrix}$$

$$= \begin{bmatrix} \langle b_1|b_1\rangle & \langle b_1|b_2\rangle & \cdots & \langle b_1|b_n\rangle \\ \langle b_2|b_1\rangle & \langle b_2|b_2\rangle & \cdots & \langle b_2|b_n\rangle \\ \vdots & \vdots & \vdots & \vdots \\ \langle b_n|b_1\rangle & \langle b_n|b_2\rangle & \cdots & \langle b_n|b_n\rangle \end{bmatrix}$$

対角成分は、ケットが単位ベクトルかどうかを調べるために必要な計算です。そして、非対角成分は、ケットが互いに直交しているかどうかを確認するために必要な計算です。これは、$A^T A = I_n$ の場合に限り、ベクトルの集合が正規直交基底であることを意味します。

　この式は簡潔な表現ですが、各要素についてすべて計算しなければなりません。単位ベクトルであることを確認するために、主対角とその上にあるすべての要素を計算する必要があります。ただし、主対角より下の要素を計算する必要はありません。$i \neq j$ ならば $\langle b_k | b_i \rangle$、もしくは $\langle b_i | b_k \rangle$ は、片方が主対角線の上に、もう一方は下にあります。これら 2 つのブラケット積は等しく、片方を計算すればもう一方を計算しなくてもよいのです。したがって、すべての主対角要素が 1 であることを確認した後、対角線の上（または下）のすべての要素が 0 であることを確認すればよいことになります。

　今、$\{|b_1\rangle,\ |b_2\rangle,\ \cdots,\ |b_n\rangle\}$ が正規直交基底であることを確認しました。ケット $|v\rangle$ が与えられ、それをこの基底ベクトルの線形結合として表現したいとしましょう。これは、$|v\rangle = \langle b_1|v\rangle|b_1\rangle + \langle b_2|v\rangle|b_2\rangle + \cdots + \langle b_i|v\rangle|b_i\rangle + \cdots + \langle b_n|v\rangle|b_n\rangle$ と表せることを先に学びました。これらの $\langle b_i|v\rangle\,(i = 1, \ldots, n)$ は、行列 A^T を使って計算できます。

$$A^T|v\rangle = \begin{bmatrix} \langle b_1| \\ \langle b_2| \\ \vdots \\ \langle b_n| \end{bmatrix} |v\rangle = \begin{bmatrix} \langle b_1|v\rangle \\ \langle b_2|v\rangle \\ \vdots \\ \langle b_n|v\rangle \end{bmatrix}$$

　長い長いこの章では、行列計算方法をたくさん紹介してきました。本書で必要となる 3 つの重要な線形代数のテクニックを、簡単に参照できるよう本章の最後にまとめておきます。ただし結論に移る前に、いくつかの命名規則を見ておきましょう

2.17　直交およびユニタリ行列

　実数要素を持ち、$M^T M$ が単位行列に等しいという性質を持つ正方行列 M のことを、直交行列と呼びます。

　前節で見たように、1 組のケットが与えられたとき、それが正規直交基

底かどうかは、ケットによる行列を作成し、それが直交行列であることを調べることでわかります。直交行列もまた、量子ゲートを調べるときに重要になります。

2 つの重要な直交行列を示します。

$$\begin{bmatrix} \frac{1}{\sqrt{2}} & \frac{1}{\sqrt{2}} \\ \frac{1}{\sqrt{2}} & \frac{-1}{\sqrt{2}} \end{bmatrix}、\begin{bmatrix} 1 & 0 & 0 & 0 \\ 0 & 1 & 0 & 0 \\ 0 & 0 & 0 & 1 \\ 0 & 0 & 1 & 0 \end{bmatrix}$$

第 3 章では、水平方向のスピンの測定にどのように関連しているかを取り上げているのですが、そこで説明する順序付き基底 $(|\leftarrow\rangle, |\rightarrow\rangle)$ と 1 つ目の 2 × 2 行列は一致します。

また、後でまったく同じ行列が出てきます。これはアダマールゲートと呼ばれる特別な量子ゲートに対応する行列です。

2 つ目の 4 × 4 行列は、$\mathbb{R}^4$ の標準基底をとり、最後の 2 つのベクトルを入れ替えた順序付けをしています。この行列は CNOT ゲートに対応しています。後で正確にゲートとは何かを説明しますが、実際には、量子回路はすべてこれら 2 種類のゲートだけで構成されます。したがって、これらの直交行列は重要なのです。

複素数を使う場合、行列の要素は複素数になります。直交行列に対応する複素数の要素を持つ行列は、ユニタリ行列[3]と呼ばれます。実数は複素数の部分集合なので、すべての直交行列はユニタリ行列です。他の量子コンピュータに関する本を見てみると、CNOT ゲートやアダマールゲートを記述する行列のことをユニタリ行列と呼んでいると思います。ここでは直交行列と呼んでいますが、どちらも間違いではありません。

---

[3]　MM^T が単位行列である場合、行列 M はユニタリです。ここで M^T は、まず M の転置をとり、次にすべての要素の共役をとります。

2.18 線形代数の解法テクニック

ここで、繰り返し出てくる 3 つの簡単なテクニックを紹介しておきましょう。やり方は下記の通りです。

1 1 組の n 次元ケット $\{|b_1\rangle, |b_2\rangle, \cdots, |b_n\rangle\}$ が与えられたとき、それが正規直交基底であるかどうかをチェックする。

まず、$A = [\,|b_1\rangle \quad |b_2\rangle \quad \cdots \quad |b_n\rangle\,]$ を準備し、次に $A^T A$ を計算する。これが単位行列であれば、正規直交基底。単位行列でなければ、正規直交基底ではない。

2 正規直交基底 $\{|b_1\rangle, |b_2\rangle, \cdots, |b_n\rangle\}$ とケット $|v\rangle$ が与えられたとき、ケットを基底ベクトルの線形結合として表現する。すなわち、

$$|v\rangle = x_1|b_1\rangle + x_2|b_2\rangle + \cdots + x_i|b_i\rangle + \cdots + x_n|b_n\rangle$$

を解く。

そのためには、$A = [\,|b_1\rangle \quad |b_2\rangle \quad \cdots \quad |b_n\rangle\,]$ を準備し、

$$\begin{bmatrix} x_1 \\ x_2 \\ \vdots \\ x_n \end{bmatrix} = A^T|v\rangle = \begin{bmatrix} \langle b_1|v\rangle \\ \langle b_2|v\rangle \\ \vdots \\ \langle b_n|v\rangle \end{bmatrix}$$

を計算する。

3 正規直交基底 $\{|b_1\rangle, |b_2\rangle, \cdots, |b_n\rangle\}$ と $|v\rangle = c_1|b_1\rangle + c_2|b_2\rangle + \cdots + c_i|b_i\rangle + \cdots + c_n|b_n\rangle$ が与えられた時、$|v\rangle$ の長さを求める。$\||v\rangle\|^2 = c_1^2 + c_2^2 + \cdots + c_i^2 + \cdots + c_n^2$ を計算する。

第3章
スピンと量子ビット

　第1章では、電子スピンの測定について説明しました。垂直方向のスピンを測定した場合、上向きから下向きまで連続した値が得られず、上向き、下向きのみの測定結果が得られました。電子の N 極が上向きになっているか、または下向きになっているかで、中間の結果は得られませんでした。スピンを最初に垂直方向に測定し、次にもう一度同じ方向に測定すると、両方の測定でまったく同じ結果が得られます。最初の測定で電子の N 極が上向きであることがわかった場合は2回目の測定も N 極が上になります。また、最初に垂直方向に測定し、次に水平方向に測定すると、電子はそれぞれ半分の確率で90度の方向にスピン N 極と S 極を持つことがわかりました。最初の測定値がどのような値であったとしても、この結果が出ます。つまり2回目の測定では、N 極または S 極のいずれかがランダムに選択されます。第2章では線形代数を紹介しました。第3章では、前の2つの章を組み合わせてスピンの測定を記述するのに必要な数学を紹介します。そして線形代数が量子ビットとどのように関連しているかを示します。

3.1　確率

　コインを持っているとしましょう。コインを繰り返し投げて、投げた回数と表が出た回数の両方を数えます。コインは表が出る確率と裏が出る確率が等しくなるように、公正に作られているとします。このコインを何度

も投げた場合、表が出る回数とコインを投げた回数の比率は半分に近づきます。コインの表が出る確率は 2 分の 1 になるでしょう。

　一般に結果を得るには実験を行います。実験のことを測定ともいいます。測定では有限通りの結果が得られます。これらを E_1, E_2, $\cdots$, E_n で表すことにしましょう。ここでの根本的な仮定は、実験（または測定）の結果、これらの n 個のうちの 1 つが必ず得られるいうことです。E_i という結果が出る確率は p_i です。確率は 0 と 1 の間の数字でなければならず、合計すると 1 になります。コインを投げる場合、2 つの結果がありえます。表が得られる場合と、裏が得られる場合です。コインが公正であれば、表、裏が出る確率はそれぞれ 1/2 です。

　もう少し形式的な表記法を用いて、第 1 章で紹介した粒子のスピンの測定に戻りましょう。0 度の方向のスピンを測定しようとしているとします。結果は 2 通り得られるはずで、それを N, S とします。測定結果として N が得られる確率、S が得られる確率があり、p_N で N を得る確率を、そして p_S で S を得る確率を表すとします。

　電子のスピンが N で 0 度の方向にあることがすでにわかっているのであれば、この方向でもう一度測定すると同じ結果が得られます。この場合は $p_N = 1$、$p_S = 0$ です。一方、電子のスピンが N で 90 度の方向にあることがわかっていて、0 度の方向に測定しているなら、結果として N と S を等しい確率で得られます。したがって、この場合は $p_N = p_S = 0.5$ です。

3.2　量子スピンの数学

　量子スピンを記述する数学モデルを見てみましょう。確率とベクトルの両方を使用します。

　量子系の測定モデルはベクトル空間で与えられます。ある量子系を測定すると、何通りかの結果が出てきます。その結果の数によって、量子系のベクトル空間の次元が決まります。スピンについては、いかなる測定から

も 2 つの結果しか得られないため、ベクトル空間は 2 次元となります。この空間を $\mathbb{R}^2$ とします。これは慣れ親しんでいる標準的な 2 次元平面です。量子系の測定には、この 2 次元平面を考察することで十分です。なぜなら、ここでは実験装置を平面内で回転させるだけだからです。実験装置の任意の 3 次元回転を考慮したい場合でも、量子スピンの空間は依然として 2 次元、つまり各測定に対する結果の数は 2 です。ただし、実数を要素としたベクトルを使用する代わりに、複素数を要素としたベクトルを利用しなければなりません。結局、基礎となるベクトル空間は、$\mathbb{C}^2$ で表される 2 次元複素空間になります。しかしながら第 2 章で説明したとおり、$\mathbb{R}^2$ を使えば十分です。

$\mathbb{R}^2$ のすべてのベクトルではなく、単位ベクトルだけを考えます。たとえばケットの場合、これは、$|v\rangle = \begin{bmatrix} c_1 \\ c_2 \end{bmatrix}$ で、$c_1^2 + c_2^2 = 1$ となるケットのみを考慮することを意味します。

ここでスピンを測定する方向を選択することは、順序付き正規直交基底 $(|b_1\rangle, |b_2\rangle)$ を選択することに対応します。基底の 2 つのベクトルは、測定結果として取りうる 2 つの結果に対応しています。本書では常に N を最初の基底ベクトルと、S を 2 番目の基底ベクトルと対応させます。スピンを測定する前に、粒子は $|b_1\rangle$ と $|b_2\rangle$ の線形結合で与えられる「スピン状態」になります。これは $c_1|b_1\rangle + c_2|b_2\rangle$ という形を取ります。これを「状態ベクトル」と呼ぶこともあれば、単に「状態」と呼ぶこともあります。測定を行ったあと、その状態ベクトルは $|b_1\rangle$ または $|b_2\rangle$ のいずれかにジャンプします。これは量子力学の本質的な考え方の 1 つです。測定は状態ベクトルを変化させます。新しい状態は、測定に対応する基底ベクトルの 1 つとなります。ある特定の基底ベクトルを測定結果として得られる確率は、初期状態によって与えられます。それが $|b_1\rangle$ である確率は c_1^2 で、$|b_2\rangle$ の確率は c_2^2 です。数 c_1 と c_2 は「確率振幅」と呼ばれます。重要な事柄ですが、確率振幅は確率ではありません。確率振幅は正または負の値を取るこ

とができます。確率は、確率振幅の2乗です。垂直方向と水平方向でスピンを測定した測定に戻って、具体例を見てみましょう。

第2章で述べたように、垂直方向のスピン測定に対応する順序付き正規直交基底は、$|\uparrow\rangle = \begin{bmatrix} 1 \\ 0 \end{bmatrix}$ と $|\downarrow\rangle = \begin{bmatrix} 0 \\ 1 \end{bmatrix}$ を用いて、$(|\uparrow\rangle, |\downarrow\rangle)$ のように表されます。1つ目のベクトルは、方向0度のスピン N を持った電子、2つ目のベクトルは方向0度のスピン S を持った電子に対応します。水平方向のスピンは、$|\rightarrow\rangle = \begin{bmatrix} \frac{1}{\sqrt{2}} \\ \frac{-1}{\sqrt{2}} \end{bmatrix}$ と $|\leftarrow\rangle = \begin{bmatrix} \frac{1}{\sqrt{2}} \\ \frac{1}{\sqrt{2}} \end{bmatrix}$ を用いて順序付き正規直交基底 $(|\rightarrow\rangle, |\leftarrow\rangle)$ で表現できます。1つ目のベクトルは、方向90度のスピン N を持った電子、2つ目のベクトルは方向90度のスピン S を持った電子に対応します。まず垂直方向のスピンを測定します。最初は、入ってくる電子のスピン状態がわからないかもしれませんが、それは単位ベクトルでなければならず、$c_1|\uparrow\rangle + c_2|\downarrow\rangle$ で $c_1^2 + c_2^2 = 1$ と書けます。

このとき、電子は上向きに方向転換されるか、下向きに方向転換されます。上向きの場合状態は $|\uparrow\rangle$ にジャンプし、下向きの場合 $|\downarrow\rangle$ にジャンプします。確率は、それぞれ上向きが c_1^2 であり、下向きは c_2^2 です。

まったく同じ測定を繰り返し、もう一度垂直方向のスピンを測定します。電子がまず磁石によって上向きに偏向されたとしましょう。このときスピン状態 $|\uparrow\rangle = 1|\uparrow\rangle + 0|\downarrow\rangle$ になります。再度測定すると、状態は確率 $1^2 = 1$ で $|\uparrow\rangle$ に、また、確率 $0^2 = 0$ で $|\downarrow\rangle$ にジャンプします。これはちょうど状態 $|\uparrow\rangle$ にとどまることを意味しており、つまりもう一度上向きの測定結果になるということです。

同様に、電子が下向きに偏向された場合、それは状態 $|\downarrow\rangle = 0|\uparrow\rangle + 1|\downarrow\rangle$ になります。垂直方向に何回測定したとしても、それはこの状態のままです。測定を何度も繰り返しても電子は下向きに偏向され続けるでしょう。第1章で述べたように、まったく同じ測定を繰り返すと、まったく同じ結果が得られます。

　垂直方向のスピンを繰り返し測定するのではなく、最初に垂直方向のスピンを測定し、次に水平方向のスピンを測定することにしましょう。

　最初の測定を行ったばかりであるとします。

　測定結果より垂直方向のスピンを測定し、電子が 0 度の方向にスピン N を持つとします。状態ベクトルは $|\uparrow\rangle$ です。次に水平方向の測定を行うので、水平方向に対応した直交基底を用いて、状態ベクトルを書き直します。つまり、$|\uparrow\rangle = x_1|\rightarrow\rangle + x_2|\leftarrow\rangle$ を解き、x_1 と x_2 を求める必要があります。これは、「2.18　線形代数の解法テクニック」であげた、2 番目を使用すれば解けます。

　まず直交基底を形成するケットを並べることによって行列 A をつくります。

$$A = [|\rightarrow\rangle|\leftarrow\rangle] = \begin{bmatrix} \frac{1}{\sqrt{2}} & \frac{1}{\sqrt{2}} \\ \frac{-1}{\sqrt{2}} & \frac{1}{\sqrt{2}} \end{bmatrix}$$

それから $A^T|\uparrow\rangle$ を計算して、新しい基底に対する確率振幅を求めます。

$$A^T|\uparrow\rangle = \begin{bmatrix} \frac{1}{\sqrt{2}} & \frac{-1}{\sqrt{2}} \\ \frac{1}{\sqrt{2}} & \frac{1}{\sqrt{2}} \end{bmatrix} \begin{bmatrix} 1 \\ 0 \end{bmatrix} = \begin{bmatrix} \frac{1}{\sqrt{2}} \\ \frac{1}{\sqrt{2}} \end{bmatrix}$$

つまり、$|\uparrow\rangle = \frac{1}{\sqrt{2}}|\rightarrow\rangle + \frac{1}{\sqrt{2}}|\leftarrow\rangle$ ということになります。

　水平方向に測定すると、状態は $|\rightarrow\rangle$ に確率 $\left(\frac{1}{\sqrt{2}}\right)^2 = 1/2$ でジャンプするか、$|\leftarrow\rangle$ に確率 $\left(\frac{1}{\sqrt{2}}\right)^2 = 1/2$ でジャンプします。これは、電子がスピン N を持ち 90 度方向に向く確率と、スピン S を持ち 90 度方向に向く確率が等しいことを示します。両方の確率はちょうど $1/2$ ずつです。

　この計算を行うために、行列 A を実際に計算する必要はないことに注意してください。必要な行列は A^T です。これを計算するには、正規直交基底に対応するブラを並べます。ブラの順序は守らなければなりません。ケットの左から右への順序付けはブラの上から下への順序付けに対応するので、基底の最初の要素は一番上のブラです。

　第 1 章では、スピンを 3 回測定しました。1 回目および 3 回目の測定は垂直方向であり、2 回目は水平方向でした。3 回目の測定に対応する計算方

法について説明します。2 回目の測定の後、電子の状態ベクトルは、$|\rightarrow\rangle$ または $|\leftarrow\rangle$ のどちらかをとります。今度は垂直方向のスピンを測定するので、これらを垂直方向の直交基底の線形結合として表現する必要があります。計算すると、$|\rightarrow\rangle = \frac{1}{\sqrt{2}}|\uparrow\rangle - \frac{1}{\sqrt{2}}|\downarrow\rangle$ および $|\leftarrow\rangle = \frac{1}{\sqrt{2}}|\uparrow\rangle + \frac{1}{\sqrt{2}}|\downarrow\rangle$ となります。どちらの場合も、垂直方向のスピンを測定すると、状態ベクトルは $|\uparrow\rangle$ または $|\downarrow\rangle$ のいずれかにそれぞれ確率 1/2 でジャンプします。

3.3　等価な状態ベクトル

いくつかの電子が与えられ、それらのスピンは $|\uparrow\rangle$ または $-|\uparrow\rangle$ のどちらかによって与えられるとします。これらを区別、あるいは測定によって判別できるでしょうか。答えは「できません」。

状態が区別できないことを確認しましょう。まず、スピンを測定する方向を選択します。これは、ある順序付き正規直交基底を 1 つ選択することと同じです。この基底を $(|b_1\rangle,\ |b_2\rangle)$ で表すことにします。

電子が状態 $|\uparrow\rangle$ にあるとします。方程式 $|\uparrow\rangle = a|b_1\rangle + b|b_2\rangle$ を解いて a と b を得なければなりません。測定を実行すると、スピンが N になる確率は a^2、スピンが S になる確率は b^2 です。

次に、電子が状態 $-|\uparrow\rangle$ にあるとします。方程式 $-|\uparrow\rangle = -a|b_1\rangle - b|b_2\rangle$ を解いて a と b の値を得なければなりません。測定を実行すると、スピンが N になる確率は $(-a)^2 = a^2$、スピンが S になる確率は $(-b)^2 = b^2$ です。両方の場合でまったく同じ確率が得られるので、どんな測定でも $|\uparrow\rangle$ の状態ベクトルを持つ電子と $-|\uparrow\rangle$ の状態ベクトルを区別することは不可能です。

同様に、状態 $|v\rangle$ の電子と、状態 $-|v\rangle$ の電子とを区別する方法はありません。これらの状態は区別が付かないため、同等と見なされます。電子が $|v\rangle$ で与えられたスピンを持っているということは、それが $-|v\rangle$ で与えられたスピンを持っているということとまったく同じ意味です。

この点をさらに説明するために、次の 4 つのケットを考えてみましょう。

$$\frac{1}{\sqrt{2}}|\uparrow\rangle + \frac{1}{\sqrt{2}}|\downarrow\rangle \qquad\qquad -\frac{1}{\sqrt{2}}|\uparrow\rangle - \frac{1}{\sqrt{2}}|\downarrow\rangle$$

$$\frac{1}{\sqrt{2}}|\uparrow\rangle - \frac{1}{\sqrt{2}}|\downarrow\rangle \qquad\qquad -\frac{1}{\sqrt{2}}|\uparrow\rangle + \frac{1}{\sqrt{2}}|\downarrow\rangle$$

これまでの議論により $\frac{1}{\sqrt{2}}|\uparrow\rangle + \frac{1}{\sqrt{2}}|\downarrow\rangle$ と $-\frac{1}{\sqrt{2}}|\uparrow\rangle - \frac{1}{\sqrt{2}}|\downarrow\rangle$ は同等で、$\frac{1}{\sqrt{2}}|\uparrow\rangle - \frac{1}{\sqrt{2}}|\downarrow\rangle$ と $-\frac{1}{\sqrt{2}}|\uparrow\rangle + \frac{1}{\sqrt{2}}|\downarrow\rangle$ も同等です。つまり、これらの 4 つのケットはたかだか 2 つの区別できる状態しか表していません。しかし、$\frac{1}{\sqrt{2}}|\uparrow\rangle + \frac{1}{\sqrt{2}}|\downarrow\rangle$ と $\frac{1}{\sqrt{2}}|\uparrow\rangle - \frac{1}{\sqrt{2}}|\downarrow\rangle$ はどうでしょうか。これらは同じ状態でしょうか。それとも区別できるでしょうか。

ここは少し注意する必要があります。スピンを測定する方向を垂直に選択した場合、これら 2 つのケットは区別できません。$|\uparrow\rangle$ または $|\downarrow\rangle$ がそれぞれ 1/2 の確率で発生します。しかしながら、$\frac{1}{\sqrt{2}}|\uparrow\rangle + \frac{1}{\sqrt{2}}|\downarrow\rangle = |\leftarrow\rangle$ と $\frac{1}{\sqrt{2}}|\uparrow\rangle - \frac{1}{\sqrt{2}}|\downarrow\rangle = |\rightarrow\rangle$ はどうでしょう。90 度の方向で測定すると、最初のケットで S、2 番目のケットで N となります。この基底の選択によって、2 つの状態を区別することができるので、これらは同等ではありません。

現時点ではっきりしていないと思われることの 1 つは、測定方向に関連する基底がどのように選択されるかです。垂直（0 度）方向での測定に関連する基底は $\left(\begin{bmatrix} 1 \\ 0 \end{bmatrix}, \begin{bmatrix} 0 \\ 1 \end{bmatrix} \right)$ であり、水平（90 度）方向での測定に関連する基底は $\left(\begin{bmatrix} \frac{1}{\sqrt{2}} \\ \frac{-1}{\sqrt{2}} \end{bmatrix}, \begin{bmatrix} \frac{1}{\sqrt{2}} \\ \frac{1}{\sqrt{2}} \end{bmatrix} \right)$ です。しかし、これらの基底はどこから来たのでしょうか。後にベルの不等式を説明するとき、120 度と 240 度に対応する基底が必要になります。これは何でしょうか。次の節で、これらの問いに答えることにしましょう。

3.4　与えられたスピン方向に対応する基底

実験装置から始めます。垂直方向を起点として、実験装置を時計回りに回転させます。すでに述べたように、90 度回転させると、スピンを水平方向に測定することになります。回転が 180 度となるまで、もう一度垂直方向を測定します。 0 度の方向にスピン N を有する電子は 180 度の方向にスピン S を有し、0 度の方向にスピン S を有する電子は 180 度の方向にスピン N を持ちます。磁石が一方向に N 極を持つということは、反対方向に S 極を持つという、自明なこととまったく同じなので、結果的に 0 度から 180 度の角度で装置を回転させるだけですべての可能な方向をカバーします。

次に基底を考えます。出発点として標準基底

$$\left(\begin{bmatrix} 1 \\ 0 \end{bmatrix}, \begin{bmatrix} 0 \\ 1 \end{bmatrix} \right)$$

を取ります。図 3-1 に示すように、これは平面内の 2 つのベクトルとして描くことができます。

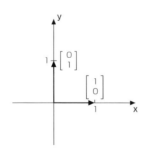

図3-1：標準基底

今度はこれらのベクトルを回転させます。図 3-2 は角度 α で回転させた場合です。

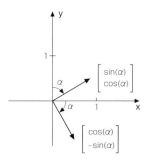

図3-2：標準基底を角度 α で回転

ベクトル $\begin{bmatrix} 1 \\ 0 \end{bmatrix}$ は $\begin{bmatrix} \cos(\alpha) \\ -\sin(\alpha) \end{bmatrix}$ に移動し、$\begin{bmatrix} 0 \\ 1 \end{bmatrix}$ は $\begin{bmatrix} \sin(\alpha) \\ \cos(\alpha) \end{bmatrix}$ に移動します。

回転角 α の場合、最初の順序付き正規直交基底は $\left(\begin{bmatrix} 1 \\ 0 \end{bmatrix}, \begin{bmatrix} 0 \\ 1 \end{bmatrix} \right)$ から $\left(\begin{bmatrix} \cos(\alpha) \\ -\sin(\alpha) \end{bmatrix}, \begin{bmatrix} \sin(\alpha) \\ \cos(\alpha) \end{bmatrix} \right)$ に変わります。

基底が 90 度回転すると、これは $\left(\begin{bmatrix} \cos(90°) \\ -\sin(90°) \end{bmatrix}, \begin{bmatrix} \sin(90°) \\ \cos(90°) \end{bmatrix} \right)$ となり、さらに $\left(\begin{bmatrix} 0 \\ -1 \end{bmatrix}, \begin{bmatrix} 1 \\ 0 \end{bmatrix} \right)$ と簡略化できます。前述したように、$\begin{bmatrix} 0 \\ -1 \end{bmatrix}$ は $\begin{bmatrix} 0 \\ 1 \end{bmatrix}$ と同等です。つまり、90 度回転させると、基底の順序が入れ替わっている（N と S が入れ替わっている）点を除けば、元の基底と同じです。

実験装置を回転させる角度を θ とし、基底ベクトルを回転させる角度を α とします。θ が 0 度から 180 度になるにつれて、すべての方向をとり、α が 0 度から 90 度になるにつれて、すべての回転した基底をとる、ということがわかりました。$\theta =180$ 度、または等価的に $\alpha =90$ 度に達すると、

0 度の方向で測定された N と S は交換されます。

$\theta = 2\alpha$ と定義します。これは自然な定義です。実験装置を角度 θ で回転させることに対応する基底は、$\left(\begin{bmatrix} \cos(\theta/2) \\ -\sin(\theta/2) \end{bmatrix}, \begin{bmatrix} \sin(\theta/2) \\ \cos(\theta/2) \end{bmatrix} \right)$ となります（図 3–3）。

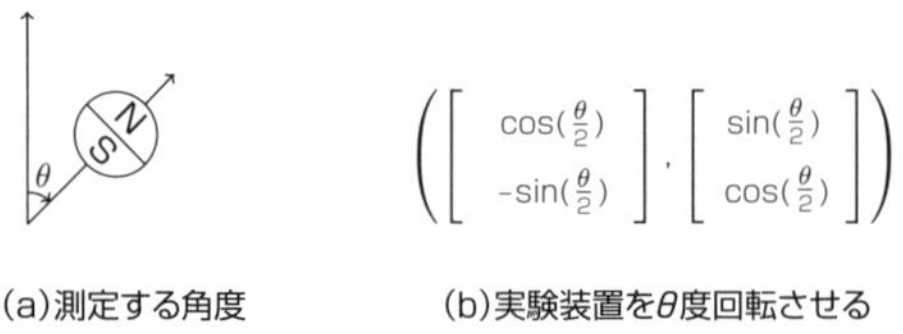

(a)測定する角度　　　　(b)実験装置をθ度回転させる

図3-3：実験装置を角度 θ で回転

3.5　実験装置を 60 度回転させる

先ほどの基底に関する式を説明するための例として、実験装置を 60 度回転させるとどうなるかを見てみましょう。最初に電子を測定し、スピン N が 0 度の方向に向かせます。そして 60 度回転した装置を使用して再度測定します。それが N の結果を与える確率はいくつでしょうか。

この場合、回転した装置に対応する基底は、

$$\left(\begin{bmatrix} \cos(30°) \\ -\sin(30°) \end{bmatrix}, \begin{bmatrix} \sin(30°) \\ \cos(30°) \end{bmatrix} \right)$$

で、これを計算すると、

$$\left(\begin{bmatrix} \sqrt{3}/2 \\ -1/2 \end{bmatrix}, \begin{bmatrix} 1/2 \\ \sqrt{3}/2 \end{bmatrix} \right)$$

となります。

電子は最初 0 度の方向にスピン N を持つと測定されたので、最初の測定後の状態ベクトルは $\begin{bmatrix} 1 \\ 0 \end{bmatrix}$ でした。この状態ベクトルを新しい基底ベク

トルの線形結合で表します。新しい基底での座標を求めるために、左側の
状態ベクトルに基底のブラを並べた行列を掛けます。これは、

$$\begin{bmatrix} \frac{\sqrt{3}}{2} & -\frac{1}{2} \\ \frac{1}{2} & \frac{\sqrt{3}}{2} \end{bmatrix} \begin{bmatrix} 1 \\ 0 \end{bmatrix} = \begin{bmatrix} \frac{\sqrt{3}}{2} \\ \frac{1}{2} \end{bmatrix}$$

となり、

$$\begin{bmatrix} 1 \\ 0 \end{bmatrix} = \frac{\sqrt{3}}{2} \begin{bmatrix} \frac{\sqrt{3}}{2} \\ -\frac{1}{2} \end{bmatrix} + 1/2 \begin{bmatrix} \frac{1}{2} \\ \frac{\sqrt{3}}{2} \end{bmatrix}$$

を意味します。そのため、60 度方向で測定したときに N が得られる確率
は $(\frac{\sqrt{3}}{2})^2 = 3/4$ となります。

3.6 光子の偏光を表す数学モデル

本書の大部分では電子のスピンを測定することばかり考えていますが、
第 1 章で述べたとおり光子の偏光を使ってすべて書き直すこともできます。
以降の節では、電子のスピンと光子の偏光の間の類似性を説明し、偏光の
数学モデルを示します。まずは角度 0 度を垂直方向の偏光フィルター、つ
まり垂直方向に偏光した光子を通過させるフィルターに対応付けます。こ
の場合、水平偏光の光子はフィルターによって吸収されます。電子のスピ
ンと同様に、標準基底

$$\left(\begin{bmatrix} 1 \\ 0 \end{bmatrix}, \begin{bmatrix} 0 \\ 1 \end{bmatrix} \right)$$

を 0 度に対応付けます。ベクトル $\begin{bmatrix} 1 \\ 0 \end{bmatrix}$ は垂直偏光光子に対応し、ベクト

ル $\begin{bmatrix} 0 \\ 1 \end{bmatrix}$ は水平偏光光子に対応します。

フィルターを角度 β だけ回転させてみます。β の方向に偏光している光
子を透過させ、β に対して垂直に偏光している光子を吸収します。

この数学モデルは、電子スピンと同じようになっています。各方向につ

いて、この方向における偏光測定を行うことに対応する、順序付き正規直交基底 ($|b_1\rangle$, $|b_2\rangle$) が存在します。ケット $|b_1\rangle$ は、与えられた方向に偏光している、すなわちフィルターを通過する光子に対応します。ケット $|b_2\rangle$ は与えられた方向に対して直交して偏光されている光子に対応し、フィルターによって吸収されます。

　光子の状態はケット $|v\rangle$ によって与えられる偏光状態になっています。これは考えている基底におけるベクトルの線形結合 $|v\rangle = d_1|b_1\rangle + d_2|b_2\rangle$ として書くことができます。

　順序付き基底によって与えられる方向に偏光が測定されると、結果、光子は確率 d_1^2 で与えられた方向に偏光され、確率 d_2^2 でその方向に垂直に偏光されます。すなわち、光子がフィルターを通過する確率は d_1^2 であり、光子が吸収される確率は d_2^2 となります。

　測定し、光子が特定の方向に偏光されているという結果が得られた場合（光子はフィルターを通過した）、光子の状態は $|b_1\rangle$ になります。

3.7　特定の偏光方向に対応する基底

標準基底 $\left(\begin{bmatrix} 1 \\ 0 \end{bmatrix}, \begin{bmatrix} 0 \\ 1 \end{bmatrix} \right)$ を角度 α で回転すると、新しい基底

$\left(\begin{bmatrix} \cos(\alpha) \\ -\sin(\alpha) \end{bmatrix}, \begin{bmatrix} \sin(\alpha) \\ \cos(\alpha) \end{bmatrix} \right)$ が得られました。また、90 度回転させると、

基底の順序が入れ替わりますが、元の標準基底が得られます。

　今度は偏光フィルターを β だけ回転させることを考えます。β が 0 度のとき、偏光は垂直方向と水平方向を測定することになります。垂直に偏光した光子はフィルターを通過し、水平に偏光した光子は吸収されます。

　β が 90 度に達すると、光子を垂直方向と水平方向に測定することになりますが、垂直に偏光した光子は吸収され、水平に偏光した光子は通過します。この場合、$\beta = 90°$ は $\alpha = 90°$ に対応し、一般的には $\alpha = \beta$ となり

ます。

結論として、偏光フィルターを角度 β だけ回転させることに対応する順序付き正規直交基底は、$\left(\begin{bmatrix} \cos(\beta) \\ -\sin(\beta) \end{bmatrix}, \begin{bmatrix} \sin(\beta) \\ \cos(\beta) \end{bmatrix} \right)$ となります。

3.8　偏光フィルターの測定

光子の偏光モデルを使って第 1 章で行った実験を説明します。

最初の実験では、2 つの正方形の偏光フィルターを使います。1 つは方向 0 度の偏光を測定し、もう 1 つは方向 90 度の偏光を測定します。この場合、重なり合う領域には光子は通過しません（図 3–4）。

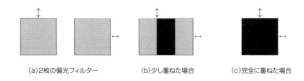

(a)2枚の偏光フィルター　(b)少し重ねた場合　(c)完全に重ねた場合

図3–4：2 枚の偏光フィルター

0 度に対応する基底は標準正規直交基底です。90 度に対応する基底は同じですが、基底の順序が変更されている点が異なります。1 枚目のフィルターを通過した光子は、測定されたこととなり、垂直に偏光されているため、状態ベクトルは $\begin{bmatrix} 1 \\ 0 \end{bmatrix}$ となります。次に 2 枚目のフィルターで測定します。これにより、状態ベクトル $\begin{bmatrix} 0 \\ 1 \end{bmatrix}$ の光子を通過させ、状態ベクトル $\begin{bmatrix} 1 \\ 0 \end{bmatrix}$ の光子を吸収します。その結果、最初のフィルターを通過した光子は 2 枚目のフィルターによって吸収されます。

3 枚の偏光フィルター測定では、2 枚のフィルターを完全に重ねて配置

します。3枚目のフィルターは45度回転させ、他の2枚の間に挟みます（図3-5）。光は、3つすべての正方形の重なり合う領域を通過します。

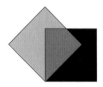

図3-5：3枚の正方形の偏光フィルター

3枚のフィルターの順序付き基底は、それぞれ

$$\left(\begin{bmatrix} 1 \\ 0 \end{bmatrix}, \begin{bmatrix} 0 \\ 1 \end{bmatrix} \right)、\quad \left(\begin{bmatrix} \frac{1}{\sqrt{2}} \\ \frac{-1}{\sqrt{2}} \end{bmatrix}, \begin{bmatrix} \frac{1}{\sqrt{2}} \\ \frac{1}{\sqrt{2}} \end{bmatrix} \right)、\quad \left(\begin{bmatrix} 0 \\ 1 \end{bmatrix}, \begin{bmatrix} 1 \\ 0 \end{bmatrix} \right)$$

となります。3枚すべてのフィルターを通過する光子は、3回測定されたことになります。最初のフィルターを通過する光子の状態ベクトルは $\begin{bmatrix} 1 \\ 0 \end{bmatrix}$ となります。

2番目の測定は、45度回転したフィルターを通過することに対応します。適切な基底を使って光子の状態ベクトルを書き換える必要があります。

$$\begin{bmatrix} 1 \\ 0 \end{bmatrix} = \frac{1}{\sqrt{2}} \begin{bmatrix} \frac{1}{\sqrt{2}} \\ \frac{-1}{\sqrt{2}} \end{bmatrix} + \frac{1}{\sqrt{2}} \begin{bmatrix} \frac{1}{\sqrt{2}} \\ \frac{1}{\sqrt{2}} \end{bmatrix}$$

光子が1枚目のフィルターを通過した後に、2枚目のフィルターを通過する確率は $\left(\frac{1}{\sqrt{2}} \right)^2 = 1/2$ です。したがって、1枚目のフィルターを通過した光子の半分が2枚目のフィルターを通過します。この2枚のフィルターを通ったあと、光子の状態ベクトルは $\begin{bmatrix} \frac{1}{\sqrt{2}} \\ \frac{-1}{\sqrt{2}} \end{bmatrix}$ になります。

3枚目のフィルターは、3番目の基底を使って測定を行うことに対応します。この基底を使って光子の状態ベクトルを書き直す必要があります。

$$\begin{bmatrix} \frac{1}{\sqrt{2}} \\ \frac{-1}{\sqrt{2}} \end{bmatrix} = \frac{-1}{\sqrt{2}} \begin{bmatrix} 0 \\ 1 \end{bmatrix} + \frac{1}{\sqrt{2}} \begin{bmatrix} 1 \\ 0 \end{bmatrix}$$

3枚目のフィルターは、状態ベクトル $\begin{bmatrix} 0 \\ 1 \end{bmatrix}$ に対応する光子を通過させま

す。この確率は $\left(\frac{-1}{\sqrt{2}}\right)^2 = 1/2$ です。その結果、最初の2枚のフィルター
を通過した半分の光子が、3枚目のフィルターを通過します。

電子のスピンを光子の偏光にどのように対応付けるかの数学的なモデル
を示しました。これらの数式はまさしく量子ビットを記述するために必要
なものです。

3.9 量子ビット

古典的なビットは0か1のどちらかです。そのため、1つのものが、2
つの状態を取りうることができ、かつ、どちらか1つの状態のみを取りう
る、そういうものであれば、どんなものでも表すことができます。標準的
な例は、オンまたはオフのいずれかの状態を取るスイッチです。古典的な
コンピュータサイエンスでは、ビットの測定が問題になることはありませ
ん。ビットはビットです。0または1をとり、それだけです。しかし、量
子ビットはもっと複雑で、測定は量子コンピュータにおいて重要な役割を
果たします。

ここでは、量子ビットを $\mathbb{R}^2$ の任意の単位ケットとして定義します。通
常量子ビットが与えられたら、それを測定しなければなりません。測定す
る場合は、測定方向も含める必要があります。これは、順序付き正規直交
基底 ($|b_0\rangle$, $|b_1\rangle$) を導入することで行われます。量子ビットは、基底ベク
トルの線形結合（しばしば線形重ね合わせと呼ばれる）として表現できま
す。これは一般に、$d_0|b_0\rangle + d_1|b_1\rangle$ という形式になります。測定後、その
状態は $|b_0\rangle$ か $|b_1\rangle$ のどちらかにジャンプします。$|b_0\rangle$ である確率は d_0^2 で
す。$|b_1\rangle$ である確率は d_1^2 です。これは私たちが使ってきた数学モデルと
まったく同じですが、今度は古典的なビット0と1を基底ベクトルに対応
付けます。$|b_0\rangle$ 基底ベクトルをビット0に、$|b_1\rangle$ 基底ベクトルをビット1

に対応させます。したがって、量子ビット $d_0|b_0\rangle + d_1|b_1\rangle$ を測定すると、確率 d_0^2 で 0、確率 d_1^2 で 1 が得られるはずです。

　任意の単位ケットは量子ビットとすることができ、無限に多くの単位ケットがあるので、量子ビットは無限に多くの値を取りえます。これは 2 つの値しか取りえない古典コンピュータとはまったく異なります。ただし、量子ビットから情報を取り出すには、測定する必要があります。この点は重要です。測定結果は 0 か 1 のどちらかになるので、古典的なビットになります。アリスとボブ、それにイブを使用していくつかの例を示しましょう。

3.10　アリスとボブとイブ

　アリス、ボブ、イブは、暗号化の例によく登場する 3 人のキャラクターです。アリスは秘密のメッセージをボブに送りたいのですが、イブは悪意をもっていて、メッセージを盗聴しようとしています。ボブには読めるけれどイブには読めないようにメッセージを暗号化するには、アリスはどうしたらよいでしょうか。これが暗号化の主な問題です。これについては後で考えることにし、今はアリスがボブに量子ビットのストリームを送信することに集中しましょう。

　アリスは、アリスの正規直交基底を使って量子ビットを測定します。これを $(|a_0\rangle, |a_1\rangle)$ とします。ボブはアリスが送った量子ビットを、ボブの正規直交基底 $(|b_0\rangle, |b_1\rangle)$ を使って測定します。

　アリスが 0 を送信しようとしています。彼女は自分の実験装置を使用して量子ビットを状態 $|a_0\rangle$ または $|a_1\rangle$ のいずれかに分けることができます。彼女は 0 を送りたいので、状態 $|a_0\rangle$ の量子ビットを送ります。ボブはボブの基底を用いて測定しています。ここで何が起こるかを計算するために、$|a_0\rangle$ をボブの基底ベクトルの線形結合として $|a_0\rangle = d_0|b_0\rangle + d_1|b_1\rangle$ と書きます。ボブが量子ビットを測定するとき、2 つのうちの 1 つが起こりま

す。つまり、確率 d_0^2 で $|b_0\rangle$ にジャンプし 0 を記録する、あるいは、確率 d_1^2 で状態 $|b_1\rangle$ にジャンプして 1 を記録する、のいずれか 1 つです。

ボブとアリスが同じ基底を使用しない理由を疑問に思うかもしれません。同じ基底を使えば、アリスが 0 を送ったときは、いつでもボブは確実に 0 を受け取り、アリスが 1 を送ったときは、いつでもボブは確実に 1 を受け取ります。しかし、イブがいることを思い出してください。イブが同じ基底を使用すれば、イブもボブとまったく同じメッセージを受け取ってしまいます。アリスとボブは、イブの盗聴を阻止するために、わざわざ別の基底を選んでいるのです。

例として、アリスとボブは量子ビットを測定する基底に、

$$\left(\begin{bmatrix} 1 \\ 0 \end{bmatrix}, \begin{bmatrix} 0 \\ 1 \end{bmatrix} \right)$$

または

$$\left(\begin{bmatrix} \frac{1}{\sqrt{2}} \\ \frac{-1}{\sqrt{2}} \end{bmatrix}, \begin{bmatrix} \frac{1}{\sqrt{2}} \\ \frac{1}{\sqrt{2}} \end{bmatrix} \right)$$

のいずれかを使用するとします。計算は垂直方向と水平方向のスピンを考えていた場合とまったく同じです。唯一の変更点は、N を 0 に置き換え、S を 1 に置き換えたことです。アリスとボブが同じ基底を使用することを選択した場合にのみ、ボブはアリスが送信したいビットと完全に一致することになります。もし彼らが違う基底を使うことを選んだ場合、ボブの通信の半分は正しいビットを得ますが、半分は間違ったビットを得ます。これではあまり有用ではないかもしれませんが、本章を読み進めれば、アリスとボブが、これら 2 つの基底を使用することで、セキュアなコミュニケーションを実現できることがわかります。

以降の節では、アリスとボブは 3 つの基底の組からそれぞれ 1 つずつランダムに基底を選ぶこととします。これは、電子の回転を 0 度、120 度、または 240 度の方向で測定することに対応します。すべての可能性を分析する必要がありますが、具体的な例として、アリスの測定は 240 度方向を

選択、ボブの測定は 120 度方向を選択したとします。

　まず、θ 方向の直交基底を示します。

$$\left(\begin{bmatrix} \cos(\theta/2) \\ -\sin(\theta/2) \end{bmatrix}, \begin{bmatrix} \sin(\theta/2) \\ \cos(\theta/2) \end{bmatrix} \right)$$

　アリスの基底は

$$\left(\begin{bmatrix} -\frac{1}{2} \\ -\frac{\sqrt{3}}{2} \end{bmatrix}, \begin{bmatrix} \frac{\sqrt{3}}{2} \\ -\frac{1}{2} \end{bmatrix} \right)$$

であり、ボブの基底は

$$\left(\begin{bmatrix} \frac{1}{2} \\ -\frac{\sqrt{3}}{2} \end{bmatrix}, \begin{bmatrix} \frac{\sqrt{3}}{2} \\ \frac{1}{2} \end{bmatrix} \right)$$

となります。

　ケットは -1 倍しても同じなので、アリスの基底を

$$\left(\begin{bmatrix} \frac{1}{2} \\ \frac{\sqrt{3}}{2} \end{bmatrix}, \begin{bmatrix} \frac{\sqrt{3}}{2} \\ -\frac{1}{2} \end{bmatrix} \right)$$

とすることができます（これは、先ほど見た 60 度方向の基底であること
に注意してください。ただし基底ベクトルの順序が入れ替わっています。
これは特段驚くべきことではありません。実際、予想通りなのですから。
N を 240 度の方向で測定することは、S を 60 度の方向で測定するのと同
じです）。

　アリスが 0 を送りたい場合、彼女は $\begin{bmatrix} \frac{1}{2} \\ \frac{\sqrt{3}}{2} \end{bmatrix}$ という量子ビットを送り
ます。

　ボブの測定値を計算するために、これをボブの基底ベクトルの線形重ね
合わせとして書く必要があります。基底ベクトルのブラからなる行列を作
り、それからこの行列を量子ビットに掛けることによって確率振幅を得る
ことができます。

$$\begin{bmatrix} \frac{1}{2} & -\frac{\sqrt{3}}{2} \\ \frac{\sqrt{3}}{2} & \frac{1}{2} \end{bmatrix} \begin{bmatrix} \frac{1}{2} \\ \frac{\sqrt{3}}{2} \end{bmatrix} = \begin{bmatrix} -\frac{1}{2} \\ \frac{\sqrt{3}}{2} \end{bmatrix}$$

これは

$$\begin{bmatrix} \frac{1}{2} \\ \frac{\sqrt{3}}{2} \end{bmatrix} = -\frac{1}{2} \begin{bmatrix} \frac{1}{2} \\ -\frac{\sqrt{3}}{2} \end{bmatrix} + \frac{\sqrt{3}}{2} \begin{bmatrix} \frac{\sqrt{3}}{2} \\ \frac{1}{2} \end{bmatrix}$$

となり、ボブが量子ビットを測定すると、確率 1/4 で 0 を得、確率 3/4 で 1 を得ることを意味します。同様にアリスが 1 を送信すると、ボブは確率 1/4 で 1 を得て、確率 3/4 で 0 を得ることを確認できます。

また、アリスとボブが 3 つの基底からランダムに選び、3 番目の基底が標準基底で、最終的に異なる基底になる場合、ボブは常に正しいビットを確率 1/4 で得ることも確認できます。

3.11　確率振幅と干渉

小石を池に落とすと、着水した場所から波が外側に伝播します。落とす小石を 2 つにすると、一方の波紋がもう一方の波紋と干渉します。波の位相が一致している場合（山または谷が一致している場合）、強め合う干渉が発生し、生じる波の振幅は大きくなります。波の位相がずれていて、一方の山が他方の谷と一致すると、弱め合う干渉が発生し、生じる波の振幅は減少します。

量子ビットは、$d_0|b_0\rangle + d_1|b_1\rangle$ の形式をとります。ここで、d_0 と d_1 は確率振幅です。確率振幅の 2 乗は、量子ビットが対応する基底ベクトルにジャンプする確率を示します。確率を負にすることはできませんが、確率振幅は負にすることができます。これにより強め合う干渉と弱め合う干渉の両方が起こります。

$|\leftarrow\rangle$ と $|\rightarrow\rangle$ で表される量子ビットを考えてみましょう。標準基底でこの 2 つのいずれかを測定すると、$|\uparrow\rangle$ または $|\downarrow\rangle$ のいずれかにジャンプし、それぞれの確率は 1/2 になります。これを古典ビットに変換すると、等しい確率で 0 または 1 のいずれかになります。$|v\rangle = 1/\sqrt{2}|\leftarrow\rangle + 1/\sqrt{2}|\rightarrow\rangle$ という 2 つの量子ビットの重ね合わせを考えた場合、水平方向に $|v\rangle$ を測

定すると、$| \leftarrow \rangle$ または $| \rightarrow \rangle$ のどちらかが同じ確率で得られます。しかし、垂直方向に測定すると、必ず 0 が得られます。なぜならば、

$$
\begin{aligned}
|v\rangle = \frac{1}{\sqrt{2}}| \leftarrow \rangle + \frac{1}{\sqrt{2}}| \rightarrow \rangle &= \frac{1}{\sqrt{2}}\begin{bmatrix} \frac{1}{\sqrt{2}} \\ \frac{1}{\sqrt{2}} \end{bmatrix} + \frac{1}{\sqrt{2}}\begin{bmatrix} \frac{1}{\sqrt{2}} \\ \frac{-1}{\sqrt{2}} \end{bmatrix} \\
&= 1\begin{bmatrix} 1 \\ 0 \end{bmatrix} + 0\begin{bmatrix} 0 \\ 1 \end{bmatrix}
\end{aligned}
$$

となり、0 を与える $| \leftarrow \rangle$ と $| \rightarrow \rangle$ の項は強め合う干渉をし、1 を与える項は弱め合う干渉をしているからです。

　量子アルゴリズムにおいて、これは重要です。不要な項がキャンセルされるように、しかし、必要な項は増幅されるように、線形結合を慎重に選択します。1 つの量子ビットでできることは非常に限られたことしかありませんが、その 1 つとして、アリスとボブが安全に通信できるということがあります。

3.12　BB84 プロトコル

　安全に通信したいことがあります。たとえば、インターネットにおけるすべての商行為は安全性を前提にしています。通信が暗号化および復号される標準的な方法は 2 つのステップからなります。最初のステップは、最初の通信が行われたときです。両者は、暗号の鍵、つまり 2 進数の長い文字列が共有されていることを確認します。両者が同じ鍵を持っていると、お互いの通信の暗号化と複号の両方にそれを使用します。通信の安全性は鍵からきています。鍵を知らずに 2 者間の通信を復号することは不可能です。

　アリスとボブは安全な通信を望み、一方、イブは盗聴を目論んでいます。アリスとボブは暗号の鍵の共有を確認したいのですが、イブはそれを知らないことも確認する必要があります。

BB84 プロトコルはチャールズ・ベネット[1]とジル・ブラッサール[2]によって 1984 年に発明されました。これは、2 組の順序付き正規直交基底を使用します。1 つ目は垂直方向のスピンを測定するための標準基底 $\left(\begin{bmatrix} 1 \\ 0 \end{bmatrix}, \begin{bmatrix} 0 \\ 1 \end{bmatrix} \right)$ です。垂直方向を測定するためこの基底を V とします。

2 つ目は水平方向のスピンを測定するために使用する $\left(\begin{bmatrix} \frac{1}{\sqrt{2}} \\ \frac{-1}{\sqrt{2}} \end{bmatrix}, \begin{bmatrix} \frac{1}{\sqrt{2}} \\ \frac{1}{\sqrt{2}} \end{bmatrix} \right)$ で表される基底です。水平方向を測定するため、この基底を H とします。どちらの場合も、古典ビット 0 は順序付き正規直交基底における 1 つ目のベクトルに対応し、古典ビット 1 は 2 つ目のベクトルに対応させます。

アリスはボブに送りたい鍵を選びます。これは古典ビットの文字列です。各ビットについて、アリスは 2 つの基底 V および H のうちの一方をランダムに等しい確率で選択し、適切な基底ベクトルからなる量子ビットをボブに送ります。たとえば、0 を送信するにあたって、V を選択したとします。この場合、$\begin{bmatrix} 1 \\ 0 \end{bmatrix}$ を送信することになります。H を選択した場合は、同じように $\begin{bmatrix} \frac{1}{\sqrt{2}} \\ \frac{-1}{\sqrt{2}} \end{bmatrix}$ を送信することになります。つまり文字列の長さが $4n$ の場合、アリスは V、H のいずれかからなる長さ $4n$ の文字列を送ります（n を使わずに $4n$ を使っている理由はすぐに明らかになりますが、n はかなり大きな数になるはずです）。

一方、ボブは、2 つの基底のうち 1 つをランダムにそれぞれ等しい確率で選択し、自分の選んだ基底で量子ビットを測定します。これをビットごとに行い、どの基底を使用したかを記録します。送信が終わると、ボブは長さ $4n$ の 2 進数の文字列を 2 つ持っていることになります。1 つはボブ

---

[1] Charles Henry Bennett（1943 年 —）
[2] Gilles Brassard（1955 年 —）

が測定した結果の文字列、もう 1 つはボブが選んだ基底 V と H の記録の文字列です。

　アリスとボブはランダムに各ビットの基底を選びました。つまり、半分は同じ基底を使用し、半分は異なる基底を使用しています。両者が同じ基底を選択した場合、ボブはアリスが送信したビットを正しく受け取ります。異なる基底を選択した場合、取得したビットの半分は正しく、半分は間違っています。この場合、情報は伝達されません。アリスとボブは、暗号化されていない通信で V と H の文字列を比較します。それらは、両方が同じ基底を使用した時に対応するビットを保存し、異なる基底を使用した時に対応するビットを消去します。イブがメッセージを盗聴していなければ、両方とも約 $2n$ の長さの同じ 2 進数の文字列になります。

　イブがアリスからボブへの通信中の量子ビットを傍受した場合、イブはそれを複製し、1 つのコピーをボブに送信し、もう 1 つの量子ビットを測定しなければなりませんが、イブにはこれができません。情報を得るために、イブはアリスが送った量子ビットを測定しなければなりませんが、この測定によって量子ビットを変えてしまう可能性があります。最終的にはイブが測定に選んだ基底ベクトルが通信結果として得られます。アリスができる最善策は、2 つの基底のうち 1 つをランダムに選択し、量子ビットを測定してから、その量子ビットをボブに送ることです。

　アリスとボブには、2 人が同じ基底を選んだ測定の結果だけが必要です。アリスとボブが同じ基底を使用するとき、イブも半分は同じ基底を使っています。しかし、もう半分は違う基底を選択します。3 人の使っている基底がすべてが一致している場合、3 人はすべて測定値と同じビットを取得します。イブが間違った基底を選択した場合、イブはボブの基底の 2 つの重ね合わせにある量子ビットを送信します。ボブがこの量子ビットを測定するとき、等しい確率で 0 と 1 を得るでしょう。この時は、ボブは通信の半分で正しい古典ビットを得ます。

　さて、アリスとボブが同じ基底を用いて得られた $2n$ ビットの文字列に

ついて考えましょう。2人はイブが量子ビットを傍受していない場合、こ
れらの文字列は同一になることを知っています。しかし、イブが量子ビッ
トを傍受している場合、イブは半分の回数は間違った基底を選択しようと
していることを知っています。そのため、もしイブが量子ビットを傍受し
ているならば、ボブのビットの4分の1はアリスのものと一致しないで
しょう。彼らは今、暗号化されていない通信で $2n$ ビットの半分を比較し
ます。2人のビットのすべてが一致すれば、イブが傍受していないことが
わかり、他の n ビットを鍵として使用することができます。2人のビット
の4分の1が一致しない場合、アリスとボブは、イブが2人の量子ビット
を盗聴していることがわかります。アリスとボブは安全に通信するために
別の方法を取らなければなりません。

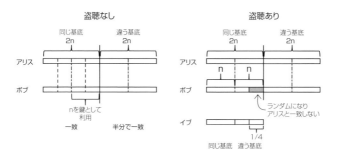

これは1度に1つの量子ビットを送信する良い例です。しかし、相互作
用しない量子ビットを使ってできることは少ししかありません。第4章で
は、2つ以上の量子ビットがあるとどうなるかを見ていきます。特に、古
典的な世界観にはない量子力学の本質的な部分である「量子もつれ」を見
ていきます。

第4章
量子もつれ

　第4章では、量子もつれの数学を学びます。そのために、線形代数から
もう1つアイデアを導入します。テンソル積です。まず、相互作用のない
2つの系を考えます。相互作用がないため、他の系を参照せずに各々の系
を独立に扱うことができます。テンソル積を使い、これら2つの系を組み
合わせられます（後に示します）。次に、2つのベクトル空間のテンソル積
を紹介し、この積のほとんどのベクトルが、もつれと呼ばれる状態を表現
していることを示します。

　本章では、2つの量子ビットが登場します。そのうち、アリスが一方の
量子ビットを持ち、ボブがもう一方を持っています。アリスの系とボブの
系の間に相互作用がない場合から始めましょう。最初は非常に単純なもの
を少し複雑にしているように見えるかもしれませんが、根本的な概念をテ
ンソル積で説明すれば、一般的な量子もつれのある場合へと拡張するのが
簡単になります。

　これから示すアプローチは、これまでのような、物理実験を提示してか
ら数学モデルを導出する代わりに、別の方法を使います。できるだけ簡単
な方法でモデルを拡張します。これによって、実験結果はモデルが予測し
たものになるはずです。モデルは測定を正確に予測しますが、導き出され
る結論に驚くかもしれません。

4.1 もつれのない量子ビット

アリスは正規直交基底 $(|a_0\rangle, |a_1\rangle)$ を使用し、ボブは正規直交基底 $(|b_0\rangle, |b_1\rangle)$ を使用して、測定するとします。アリスの量子ビットは $|v\rangle = c_0|a_0\rangle + c_1|a_1\rangle$ であり、ボブの量子ビットは $|w\rangle = d_0|b_0\rangle + d_1|b_1\rangle$ で与えられます。テンソル積と呼ばれる新しいタイプの積を使用すれば、これら2つの状態ベクトルを結合し、$|v\rangle \otimes |w\rangle$ で表される新しいベクトルを与えられます。

$|v\rangle \otimes |w\rangle = (c_0|a_0\rangle + c_1|a_1\rangle) \otimes (d_0|b_0\rangle + d_1|b_1\rangle)$ とします。テンソル積を利用して、2つの項を掛け合わせるには、$(a+b)(c+d)$ の形式の、代数式を乗算する自然な方法を使います。

$$(c_0|a_0\rangle + c_1|a_1\rangle) \otimes (d_0|b_0\rangle + d_1|b_1\rangle)$$
$$= c_0 d_0 |a_0\rangle \otimes |b_0\rangle + c_0 d_1 |a_0\rangle \otimes |b_1\rangle + c_1 d_0 |a_1\rangle \otimes |b_0\rangle + c_1 d_1 |a_1\rangle \otimes |b_1\rangle$$

FOIL メソッド[1]をご存知でしょう。これを行ったのです。さらに簡単に表現するために、2つのケットを並べて配置することで、テンソル積を表現します。さらに、$|v\rangle \otimes |w\rangle$ は、$|v\rangle|w\rangle$ と書けるので、先の式は次のよう書けます。

$$|v\rangle|w\rangle = (c_0|a_0\rangle + c_1|a_1\rangle)(d_0|b_0\rangle + d_1|b_1\rangle)$$
$$= c_0 d_0 |a_0\rangle|b_0\rangle + c_0 d_1 |a_0\rangle|b_1\rangle + c_1 d_0 |a_1\rangle|b_0\rangle + c_1 d_1 |a_1\rangle|b_1\rangle$$

これは2つの式を乗算する標準的な方法ですが、テンソル積の最初のケットはアリスに属し、2番目のケットはボブに属していることに注意してください。たとえば、$|v\rangle|w\rangle$ は、$|v\rangle$ がアリスに属し、$|w\rangle$ がボブに属することを意味します。また、$|w\rangle|v\rangle$ は、$|w\rangle$ がアリスに属し、$|v\rangle$ がボブに

---

[1] 二項式の積の計算は、各項の最初の要素（First item）同士を、次に最終要素（Outer item）、間の要素（Inner item）、最後の要素（Last item）を掛けることから、この頭文字をとって FOIL メソッドと呼びます。

属することを意味します。したがって、一般に、$|v\rangle|w\rangle$ と $|w\rangle|v\rangle$ とは、等しくありません。専門用語では、テンソル積が非可換であるといいます。

　アリスは正規直交基底 ($|a_0\rangle$, $|a_1\rangle$) で測定し、ボブは正規直交基底 ($|b_0\rangle$, $|b_1\rangle$) で測定している状態で、テンソル積の表記を利用して、アリスとボブの両方の量子ビットの式を記述しました。この式には、基底ベクトルからくる4つのテンソル積、$|a_0\rangle|b_0\rangle$、$|a_0\rangle|b_1\rangle$、$|a_1\rangle|b_0\rangle$、$|a_1\rangle|b_1\rangle$ が含まれています。この4つの積は、アリスとボブの各系のテンソル積の正規直交基底を形成します。すなわち、これらの積はそれぞれ単位ベクトルであり、互いに直交しています。

　この段階では、新しい表記法こそ使用していますが、目新しい概念は導入していません。すでに知っている知識を、別のまとめ方で表現しているだけです。たとえば、数値 $c_0 d_0$ は確率振幅です。その2乗は、アリスとボブの両方が量子ビットを測定するとき、アリスの量子ビットは $|a_0\rangle$ の状態にジャンプし、これによって0を読み取ります。ボブの量子ビットは $|b_0\rangle$ にジャンプし、同様に0を読み取ります。しかし、アリスの量子ビットが $|a_0\rangle$ にジャンプする確率は c_0^2 であり、ボブが $|b_0\rangle$ にジャンプする確率は d_0^2 であることはわかっています。そのため、両方が発生する確率は $c_0^2 d_0^2$ であり、すなわち、$(c_0 d_0)^2$ と同じです。同様に、$c_0^2 d_1^2$、$c_1^2 d_0^2$、$c_1^2 d_1^2$ は、アリスとボブがそれぞれ01、10、および11を読み取る確率です（アリスのビットは常にボブの前に配置されることに注意してください）。

　次に、記号を2つではなく、1つだけ使用して、確率振幅を置き換えてみましょう。$r = c_0 d_0$、$s = c_0 d_1$、$t = c_1 d_0$、$u = c_1 d_1$ とすると、$|v\rangle|w\rangle = r|a_0\rangle|b_0\rangle + s|a_0\rangle|b_1\rangle + t|a_1\rangle|b_0\rangle + u|a_1\rangle|b_1\rangle$ となります。これらは、確率振幅であるため、$r^2 + s^2 + t^2 + u^2 = 1$ であることがわかります。ru と st は、$c_0 c_1 d_0 d_1$ に等しいので、$ru = st$ です。ここで新しいアイデアがひらめきます。アリスとボブの量子ビットの状態を、$r|a_0\rangle|b_0\rangle + s|a_0\rangle|b_1\rangle + t|a_1\rangle|b_0\rangle + u|a_1\rangle|b_1\rangle$ という形式のテンソル積で説明します。繰り返しますが、$r^2 + s^2 + t^2 + u^2 = 1$ なので、r, s, t, u は確率振幅として扱えます。しかし、$ru = st$ である

とは、もはや言えません。平方和が 1 である限り、r、s、t、u はどんな値でも取りえるからです。

$r|a_0\rangle|b_0\rangle + s|a_0\rangle|b_1\rangle + t|a_1\rangle|b_0\rangle + u|a_1\rangle|b_1\rangle$ という形式のテンソル積で、$r^2 + s^2 + t^2 + u^2 = 1$ を満たす場合は、2 つあります。1 つは、$ru = st$ の場合です。この場合、アリスとボブの量子ビットは「もつれていない」と言います。2 つ目は、$ru \neq st$ の場合です。この場合、アリスとボブの量子ビットは「もつれている」と言います。この規則は、項が 00、01、10、11 の順序で下付き文字が記述されている場合は覚えやすいでしょう。この順序で、ru は外側の項で st は内側の項、外側の項の積が内側の項の積と等しい場合、量子ビットはもつれません。積が等しくない場合、量子ビットはもつれます。

これらの両方の場合を例をあげて説明します。

4.2　もつれのない量子ビット計算

アリスとボブの量子ビットが次のように与えられているとします。

$$\frac{1}{2\sqrt{2}}|a_0\rangle|b_0\rangle + \frac{\sqrt{3}}{2\sqrt{2}}|a_0\rangle|b_1\rangle + \frac{1}{2\sqrt{2}}|a_1\rangle|b_0\rangle + \frac{\sqrt{3}}{2\sqrt{2}}|a_1\rangle|b_1\rangle$$

外側と内側の確率振幅の積を計算します。両方の積は共に $\sqrt{3}/8$ に等しいため、量子ビットはもつれていません。

確率振幅は、アリスとボブの両方が測定を行ったときに何が起こるかを教えてくれます。確率 1/8 で 00、確率 3/8 で 01、確率 1/8 で 10、確率 3/8 で 11 になります。

少し難しいのは、そのうちの 1 人だけが測定を行った場合に何が起こるかを確認することです。アリスは測定を行いますが、ボブは測定しないケースから始めましょう。まず、アリスの観点から共通の因数を引き出します。それにはテンソル積を次のように書き換えます。

$$|a_0\rangle \left(\frac{1}{2\sqrt{2}}|b_0\rangle + \frac{\sqrt{3}}{2\sqrt{2}}|b_1\rangle \right) + |a_1\rangle \left(\frac{1}{2\sqrt{2}}|b_0\rangle + \frac{\sqrt{3}}{2\sqrt{2}}|b_1\rangle \right)$$

　括弧内の式を単位ベクトルにしたいので、括弧内の長さで除算し、括弧の外の長さで乗算します。

$$\frac{1}{\sqrt{2}}|a_0\rangle\left(\frac{1}{2}|b_0\rangle + \frac{\sqrt{3}}{2}|b_1\rangle\right) + \frac{1}{\sqrt{2}}|a_1\rangle\left(\frac{1}{2}|b_0\rangle + \frac{\sqrt{3}}{2}|b_1\rangle\right)$$

　括弧内の共通の因数を引き出すことができました（ただし、それはボブのものであることを忘れないでください。そのため、右側に置いておく必要があります）。

$$\left(\frac{1}{\sqrt{2}}|a_0\rangle + \frac{1}{\sqrt{2}}|a_1\rangle\right)\left(\frac{1}{2}|b_0\rangle + \frac{\sqrt{3}}{2}|b_1\rangle\right)$$

　この式から、状態がもつれていないことが明確に読み取れます。アリスが所有する量子ビットとボブが所有する量子ビットのテンソル積が得られます。

　このことから、アリスが最初に測定した場合、等しい確率で 0 と 1 を取得すると推測できます。この測定は、ボブの量子ビットの状態には影響しません。それは、そのまま、

$$\left(\frac{1}{2}|b_0\rangle + \frac{\sqrt{3}}{2}|b_1\rangle\right)$$

となります。

　また、因数分解された式から、ボブが最初に測定した場合、確率 1/4 で 0 を取得し、確率 3/4 で 1 を取得することを読み取れます。繰り返しますが、ボブの測定がアリスの量子ビットに影響を与えないことは明らかです。

　量子ビットがもつれていない場合、量子ビットの片方を測定しても、他の量子ビットにはまったく影響がありません。しかし、もつれた量子ビットでは状況が異なります。量子ビットがもつれると、一方の測定値が他方の測定値に影響を与えます。

4.3 もつれた量子ビットの計算

アリスとボブの量子ビットが次のように与えられるとします。

$$\frac{1}{2}|a_0\rangle|b_0\rangle + \frac{1}{2}|a_0\rangle|b_1\rangle + \frac{1}{\sqrt{2}}|a_1\rangle|b_0\rangle + 0|a_1\rangle|b_1\rangle$$

外側と内側の確率の積を計算します。外側の項の積は 0 です。内側の項の積は 0 ではないので、2 つの量子ビットはもつれています。

通常、測定はアリスとボブの両者が行います。前の例のように、確率振幅を使用すれば、両者が量子ビットを測定すると何が起こるかを知ることができます。確率 1/4 で 00、確率 1/4 で 01、確率 1/2 で 10、確率 0 で 11 が得られます。特別なことは何も起きていません。これは、もつれのない場合とまったく同じ計算です。

片方だけが測定を行うと、何が起こるかを見てみましょう。アリスは測定し、ボブは測定しないと仮定します。このためには、アリスの観点から共通因数を引き出します。テンソル積を次のように書き換えます。

$$|a_0\rangle \left(\frac{1}{2}|b_0\rangle + \frac{1}{2}|b_1\rangle\right) + |a_1\rangle \left(\frac{1}{\sqrt{2}}|b_0\rangle + 0|b_1\rangle\right)$$

前と同様に、括弧内の式を単位ベクトルにしたいので、括弧内の長さで除算し、外側の長さで乗算します。

$$\frac{1}{\sqrt{2}}|a_0\rangle \left(\frac{1}{\sqrt{2}}|b_0\rangle + \frac{1}{\sqrt{2}}|b_1\rangle\right) + \frac{1}{\sqrt{2}}|a_1\rangle(1|b_0\rangle + 0|b_1\rangle)$$

前の例では、括弧内の項は同じであり、この共通の項を共通の因数として引き出すことができました。しかし、この場合括弧内の項は異なります。すなわち、もつれています。

アリスのケットの前にある確率振幅は、測定したとき等しい確率で 0 と 1 を取得することを示しています。しかし、アリスが 0 になると、量子ビットは $|a_0\rangle$ にジャンプします。結合された系は、もつれのない状態

$$|a_0\rangle \left(\frac{1}{\sqrt{2}}|b_0\rangle + \frac{1}{\sqrt{2}}|b_1\rangle\right)$$

にジャンプします。そして、もはやボブの量子ビットはアリスの量子ビットともつれずに、次の状態になります。

$$\left(\frac{1}{\sqrt{2}} |b_0\rangle + \frac{1}{\sqrt{2}} |b_1\rangle \right)$$

くどいようですが、アリスが1になるとボブの量子ビットはアリスの量子ビットともつれていません。$|b_0\rangle$ です。

アリスの測定結果は、ボブの量子ビットに影響します。彼女が0を得ると、ボブの量子ビットは、

$$\left(\frac{1}{\sqrt{2}} |b_0\rangle + \frac{1}{\sqrt{2}} |b_1\rangle \right)$$

となります。彼女が1を得ると、彼の量子ビットは $|b_0\rangle$ になります。これはちょっと奇妙に思えます。アリスとボブは遠く離れているかもしれません。彼女が測定を行うとすぐに、ボブの量子ビットはもつれなくなりますが、それが何であるかはアリスの結果に依存します。

完全を期すために、ボブが最初に測定したときに何が起こるかを確認します。

最初のテンソル積から始めます。

$$\frac{1}{2} |a_0\rangle |b_0\rangle + \frac{1}{2} |a_0\rangle |b_1\rangle + \frac{1}{\sqrt{2}} |a_1\rangle |b_0\rangle + 0 |a_1\rangle |b_1\rangle$$

ボブの観点から書き直すと、次のようになります。

$$\left(\frac{1}{2} |a_0\rangle + \frac{1}{\sqrt{2}} |a_1\rangle \right) |b_0\rangle + \left(\frac{1}{2} |a_0\rangle + 0 |a_1\rangle \right) |b_1\rangle$$

これまで同様、括弧内の式は単位ベクトルにしたいので、括弧内の長さで除算し、外部の長さで乗算します。

$$\left(\frac{1}{\sqrt{3}} |a_0\rangle + \frac{\sqrt{2}}{\sqrt{3}} |a_1\rangle \right) \frac{\sqrt{3}}{2} |b_0\rangle + (1 |a_0\rangle + 0 |a_1\rangle) \frac{1}{2} |b_1\rangle$$

ボブが量子ビットを測定すると、確率3/4で0、確率1/4で1になります。ボブが0になると、アリスの量子ビットは状態

$$\left(\frac{1}{\sqrt{3}} |a_0\rangle + \frac{\sqrt{2}}{\sqrt{3}} |a_1\rangle \right)$$

になります。ボブが 1 になると、アリスの量子ビットの状態は $|a_0\rangle$ になります。

　最初の人が自分の量子ビットを測定すると、2 番目の人の量子ビットはすぐに 2 つの状態のいずれかにジャンプします。これらの状態は、最初の人の測定結果に依存します。これは私たちの日常の経験とはまるで異なります。後で、もつれた量子ビットを利用する巧妙な方法を取り上げますが、その前に超光速通信を検討します。

4.4　超光速通信

　超光速通信は、光の速度よりも速い通信です。しかし、これが可能だとすると、明らかに矛盾する 2 つの推論が立てられます。1 つ目。アインシュタインの特殊相対性理論が、より速く移動し光速に近づくと時間が遅くなることを示していることです。もし光の速度で旅行できるなら、時間は止まります。そして、光の速度よりも速く移動すると、時間が逆戻りするはずです。この理論は、光の速度に近づくと、質量が無限に増加することを示しています。つまり、光の速度に到達することはできません。また、時間を遡ることもできないようです。もし遡上できるとなると、多くの SF 小説で取り上げたシナリオと向き合うことになります。つまり、歴史を変えるイベントの発生を防ぐことができ、結果、タイムパラドクスを生みます。このパラドクスは物理的な旅行だけでなく、通信も排除されているようです。過去にメッセージを送ることができれば、歴史の流れを変えることができます。たとえば、現在に劇的な変化を引き起こすシナリオを設計することもできますし、ある人物の誕生も阻止できます。したがって、当面の考え方の 1 つは、超光速通信は不可能であるということです。

　2 つ目。アリスとボブが宇宙の反対側にいて、いくつかのもつれた量子ビットを持っていると仮定します。たとえば、スピン状態がもつれている電子を考えましょう。アリスはもつれ合った電子のペアを 1 つ持ち、ボブ

はもう１つ持っています（もつれた電子を取り上げていますが、実際の電子は完全に分離していることを確認しておきます。もつれているのはそれらのスピン状態です）。

アリスが所有する電子の測定を行うと、ボブが所有する電子のスピン状態は、瞬時に２つの異なる状態のいずれかにジャンプします。「瞬時」は、明らかに光の速度よりも速いので、量子もつれは超光速通信に使用できるのではないでしょうか。

もつれた電子の各ペアが、もつれたスピン状態にあると仮定しましょう。

$$\frac{1}{2}|a_0\rangle|b_0\rangle + \frac{1}{2}|a_0\rangle|b_1\rangle + \frac{1}{\sqrt{2}}|a_1\rangle|b_0\rangle + 0|a_1\rangle|b_1\rangle$$

ボブが相手のスピンを測定する前に、アリスが電子のスピンを測定するとします。アリスは０と１のランダムな文字列を取得し、同じ確率で発生することがわかります。

代わりに、ボブがアリスの前にスピンを測定するとします。アリスはボブの測定後、スピンを測定します。アリスが測定するとき、両者は測定を行っているため、最初の式の確率振幅を使用できます。つまり、確率 1/4 で 00 と 01、確率 1/2 で 10、確率 0 で 11 を取得します。その結果、アリスは確率 $\frac{1}{4} + \frac{1}{4} = \frac{1}{2}$ で 0 を、確率 $\frac{1}{2} + 0 = \frac{1}{2}$ で 1 を得ます。したがって、アリスは、０と１を同じ確率でランダムに取得します。しかし、これは彼女が最初に測定したときとまったく同じ状況です。そのため、この値からはアリスの測定がボブの前または後のどちらで行われたのかを知ることができません。量子もつれ状態はすべてこのように動作します。確かに、アリスとボブが、測定値からどちらが先に測定したかを見分けることができない場合、一方から他方に情報を送信する方法はありません。

ここまでで、量子ビットに特定のもつれ状態があると情報を送信できないことを示しましたが、状況は一般的なもつれ状態に適用できます。アリスとボブの量子ビットの状態に関係なく、それらの量子ビットだけを測定して情報を送信することは不可能なのです。

超光速通信が不可能であることがわかったので、標準基底を使用してテンソル積を記述するというより平凡なタスクに移ります。しかし、その後、第 3 章の量子時計の例を使用して、もつれた量子ビットの学習に戻ります。

4.5 テンソル積の標準基底

$\mathbb{R}^2$ の標準基底は $\left(\begin{bmatrix} 1 \\ 0 \end{bmatrix}, \begin{bmatrix} 0 \\ 1 \end{bmatrix} \right)$ です。アリスとボブの両方が標準基底を使用する場合、テンソル積の形式は次のとおりです。

$$r \begin{bmatrix} 1 \\ 0 \end{bmatrix} \otimes \begin{bmatrix} 1 \\ 0 \end{bmatrix} + s \begin{bmatrix} 1 \\ 0 \end{bmatrix} \otimes \begin{bmatrix} 0 \\ 1 \end{bmatrix} + t \begin{bmatrix} 0 \\ 1 \end{bmatrix} \otimes \begin{bmatrix} 1 \\ 0 \end{bmatrix} + u \begin{bmatrix} 0 \\ 1 \end{bmatrix} \otimes \begin{bmatrix} 0 \\ 1 \end{bmatrix}$$

したがって、$\mathbb{R}^2 \otimes \mathbb{R}^2$ の順序付き標準基底は、次のようになります。

$$\left(\begin{bmatrix} 1 \\ 0 \end{bmatrix} \otimes \begin{bmatrix} 1 \\ 0 \end{bmatrix}, \begin{bmatrix} 1 \\ 0 \end{bmatrix} \otimes \begin{bmatrix} 0 \\ 1 \end{bmatrix}, \begin{bmatrix} 0 \\ 1 \end{bmatrix} \otimes \begin{bmatrix} 1 \\ 0 \end{bmatrix}, \begin{bmatrix} 0 \\ 1 \end{bmatrix} \otimes \begin{bmatrix} 0 \\ 1 \end{bmatrix} \right)$$

基底に 4 つのベクトルがあるので、これは 4 次元空間となります。4 次元の順序付き標準基底は次のとおりです。

$$\left(\begin{bmatrix} 1 \\ 0 \\ 0 \\ 0 \end{bmatrix}, \begin{bmatrix} 0 \\ 1 \\ 0 \\ 0 \end{bmatrix}, \begin{bmatrix} 0 \\ 0 \\ 1 \\ 0 \end{bmatrix}, \begin{bmatrix} 0 \\ 0 \\ 0 \\ 1 \end{bmatrix} \right)$$

$\mathbb{R}^2 \otimes \mathbb{R}^2$ の基底ベクトルと $\mathbb{R}^4$ の基底ベクトルを識別し、順序を守るようにします。

$$\begin{bmatrix} 1 \\ 0 \\ 0 \\ 0 \end{bmatrix} = \begin{bmatrix} 1 \\ 0 \end{bmatrix} \otimes \begin{bmatrix} 1 \\ 0 \end{bmatrix}、\quad \begin{bmatrix} 0 \\ 1 \\ 0 \\ 0 \end{bmatrix} = \begin{bmatrix} 1 \\ 0 \end{bmatrix} \otimes \begin{bmatrix} 0 \\ 1 \end{bmatrix}$$

$$\begin{bmatrix} 0 \\ 0 \\ 1 \\ 0 \end{bmatrix} = \begin{bmatrix} 0 \\ 1 \end{bmatrix} \otimes \begin{bmatrix} 1 \\ 0 \end{bmatrix}、\quad \begin{bmatrix} 0 \\ 0 \\ 0 \\ 1 \end{bmatrix} = \begin{bmatrix} 0 \\ 1 \end{bmatrix} \otimes \begin{bmatrix} 0 \\ 1 \end{bmatrix}$$

これを覚える最も簡単な方法は、次の形式によるものです。

$$\begin{bmatrix} a_0 \\ a_1 \end{bmatrix} \otimes \begin{bmatrix} b_0 \\ b_1 \end{bmatrix} = \begin{bmatrix} a_0 \begin{bmatrix} b_0 \\ b_1 \end{bmatrix} \\ a_1 \begin{bmatrix} b_0 \\ b_1 \end{bmatrix} \end{bmatrix} = \begin{bmatrix} a_0 b_0 \\ a_0 b_1 \\ a_1 b_0 \\ a_1 b_1 \end{bmatrix}$$

添え字は 2 進数の大きさ順（00、01、10、11）に並んでいることに注意してください。

4.6 量子ビットをどうやってもつれさせるか

本書は、量子コンピューティングの基礎となる数学について書かれています。量子コンピュータを物理的に作成する方法ではありません。そのため、物理実験の詳細にはあまり時間をかけませんが、物理学者がもつれた粒子をどのように作成するかという問題は非常に重要です。そこで、ごく簡単に説明しておきます。もつれた量子ビットは、もつれた光子または電子で表現できます。粒子はもつれているとよく言われますが、実際に意味するのは、その状態を表すベクトル $\mathbb{R}^2 \otimes \mathbb{R}^2$ のテンソルがもつれているということです。実際の粒子は分離されており、先述したように、非常に離れている場合があります。それでも、問題は残ります。状態ベクトルがもつれた、粒子のペアをどのように作成するのでしょうか。ここでは、物理実験がもつれた粒子を作成する方法を紹介します。その後、量子ゲートがもつれた量子ビットを作成する方法を見ていきます。

もつれた粒子を作成する、最も一般的な方法として、光子の使用があり

ます。この方法は、自発的パラメトリック下方変換[2]と呼ばれています。こ
れはレーザービームで、特別な結晶に光子を通します。ほとんどの光子は
通過するだけですが、いくつかの光子は 2 つに分割されます。エネルギー
と運動量は保存されるので、結果として生じる 2 つの光子のエネルギーと
運動量の合計は、初期光子のエネルギーと運動量と等しくなければなりま
せん。保存則は、2 つの光子の偏光を記述する状態がもつれることを保証
します。

　宇宙では、電子はしばしばもつれています。本書の冒頭で、銀原子に関
するシュテルン＝ゲルラッハの装置について説明しました。内側の軌道で
の電子スピンがキャンセルされ、外側の軌道に孤立電子が残り、そのスピ
ンを原子が持っていることを思い出してください。最も内側の軌道には 2
つの電子があります。これらはもつれ、スピンがキャンセルされます。こ
れらの電子のスピンを記述する状態ベクトルは次のように考えることがで
きます。

$$\frac{1}{\sqrt{2}}\begin{bmatrix}1\\0\end{bmatrix}\otimes\begin{bmatrix}0\\1\end{bmatrix}-\frac{1}{\sqrt{2}}\begin{bmatrix}0\\1\end{bmatrix}\otimes\begin{bmatrix}1\\0\end{bmatrix}$$

　もつれた電子は超伝導体でも発生し、これらの電子は実験で使用されて
います。ただし、ベルの試験について後述する際にも取り上げますが、多
くの場合、遠く離れたもつれた粒子が必要です。

　互いに近くにあるもつれた電子を分離する際に問題となるのは、もつれ
た電子が環境と相互に作用する傾向がある点です。このことを考慮せず
に分離することは困難です。一方、もつれた光子の分離は、電子に比べて
はるかに簡単ですが、測定はより困難です。ただし、両方の長所を最大限
に活用することは可能です。これは、デルフト工科大学を拠点とする国際
チームによって、「抜け穴のないベルの試験」と呼ばれる実験で検証しま
した。実験は 1.3 キロメートル離れた 2 つのダイヤモンドを使って行いま

---

[2]　spontaneous parametric down-conversion

した。使用したダイヤモンドにはわずかに欠陥があります。炭素原子の代わりに窒素原子を格子に入れたものなのです。電子はその欠陥に閉じ込められます。レーザーは、両方の電子が光子を放出するように、各ダイヤモンドの電子を励起します。放出された光子は、元の電子のスピンにもつれます。その後、光子は光ファイバーケーブルを介して互いに向かって移動し、ビームスプリッターで会います。これは通常、光子のビームを 2 つに分割するために使用される標準的な機器ですが、ここでは 2 つの光子をもつれさせるために使用されます。そして、光子が測定されます。その結果、2 つの電子が互いにもつれます[3]（なぜチームがこの実験を行ったのかは第 5 章で説明します）。

　量子コンピューティングでは、通常、もつれていない量子ビットを入力し、CNOT ゲートを使用してもつれさせます。ゲートについては、後で正確に説明しますが、実際の計算には行列の乗算のみが含まれます。まずはこれを簡単に見てみましょう。

4.7　CNOTゲートで量子ビットをもつれさせる

　量子ゲートとは何かについての実際の定義は後に紹介しますが、ここではとりあえず正規直交基底、または同じことですが直交行列に対応すると記述しておきます。

　4 次元空間の標準的な順序付き基底は $\mathbb{R}^4$ です。

$$\left(\begin{bmatrix} 1 \\ 0 \\ 0 \\ 0 \end{bmatrix}, \begin{bmatrix} 0 \\ 1 \\ 0 \\ 0 \end{bmatrix}, \begin{bmatrix} 0 \\ 0 \\ 1 \\ 0 \end{bmatrix}, \begin{bmatrix} 0 \\ 0 \\ 0 \\ 1 \end{bmatrix} \right)$$

---

[3]　https://www.youtube.com/watch?v=AE8MaQJkRcg/に短い動画があります。また、日本語による実験の概要は「量子物理学：ベル不等式の新しい検証」(Nature Japan, 526, 2015 年 10 月 29 日) として掲載されています (https://www.natureasia.com/ja-jp/nature/highlights/69146)。

　CNOT ゲートは、最後の 2 つの要素の順序を交換することで得られます。これにより、CNOT ゲートの行列が作成されます。

$$
\begin{bmatrix}
1 & 0 & 0 & 0 \\
0 & 1 & 0 & 0 \\
0 & 0 & 0 & 1 \\
0 & 0 & 1 & 0
\end{bmatrix}
$$

　このゲートは、量子ビットのペアに作用します。行列を使用するには、すべてが 4 次元ベクトルを使用して記述されなければなりません。例を見てみましょう。

　もつれのないテンソル積を取ることから始めます。

$$
\frac{1}{\sqrt{2}}
\begin{bmatrix} 1 \\ 1 \end{bmatrix}
\otimes
\begin{bmatrix} 1 \\ 0 \end{bmatrix}
= \frac{1}{\sqrt{2}}
\begin{bmatrix} 1 \\ 0 \\ 1 \\ 0 \end{bmatrix}
$$

　ゲートを通すと量子ビットは変化します。結果としての量子ビットは、行列を乗算することにより得られます。

$$
\begin{bmatrix}
1 & 0 & 0 & 0 \\
0 & 1 & 0 & 0 \\
0 & 0 & 0 & 1 \\
0 & 0 & 1 & 0
\end{bmatrix}
\begin{bmatrix} \frac{1}{\sqrt{2}} \\ 0 \\ \frac{1}{\sqrt{2}} \\ 0 \end{bmatrix}
=
\begin{bmatrix} \frac{1}{\sqrt{2}} \\ 0 \\ 0 \\ \frac{1}{\sqrt{2}} \end{bmatrix}
= \frac{1}{\sqrt{2}}
\begin{bmatrix} 1 \\ 0 \\ 0 \\ 1 \end{bmatrix}
$$

　この最後のベクトルは、もつれた量子ビットのペアに対応します。内側の振幅の積はゼロで、外側の振幅の積と等しくありません。これは次のように書けます。

$$
\frac{1}{\sqrt{2}}
\begin{bmatrix} 1 \\ 0 \end{bmatrix}
\otimes
\begin{bmatrix} 1 \\ 0 \end{bmatrix}
+ \frac{1}{\sqrt{2}}
\begin{bmatrix} 0 \\ 1 \end{bmatrix}
\otimes
\begin{bmatrix} 0 \\ 1 \end{bmatrix}
$$

　この状態のもつれた量子ビットはよく使用されます。アリスとボブが標

準基底で測定すると、両方とも 0 に対応する $\begin{bmatrix} 0 \\ 1 \end{bmatrix}$ または、1 に対応する

$\begin{bmatrix} 1 \\ 0 \end{bmatrix}$ をそれぞれ同じ確率で取得するという、非常に良い特性があります[4]。

同じように、量子時計でこれをさらに調べます。

4.8　もつれた量子時計

量子時計の比喩を思い出してください。時計の針が特定の方向を指しているかどうかだけを尋ねることができ、時計の針はその方向か、その反対方向を指しているか、いずれかを答えます。

ベクトル $\begin{bmatrix} 1 \\ 0 \end{bmatrix}$ は 12 を指し $\begin{bmatrix} 0 \\ 1 \end{bmatrix}$ は 6 を指すとします。ペアになっている 2 つのもつれた状態の時計

$$\frac{1}{\sqrt{2}} \begin{bmatrix} 1 \\ 0 \end{bmatrix} \otimes \begin{bmatrix} 1 \\ 0 \end{bmatrix} + \frac{1}{\sqrt{2}} \begin{bmatrix} 0 \\ 1 \end{bmatrix} \otimes \begin{bmatrix} 0 \\ 1 \end{bmatrix}$$

を考えましょう。実際、各ペアがこの状態にある 100 組の時計を考えてください。2 つで 1 つのペアになった時計が 100 組あり、時計を持つ私とペアになる相手も 100 人いるとします。すべての人が、針は 12 を指していますか？　という同じ質問を繰り返します。

最初のシナリオでは、私と私のペアの人にはお互い連絡を取らず、時計を 1 つずつ調べて質問します。時計が「イエス」または「ノー」で答えるたびに、「イエス」の場合は 1、「ノー」の場合は 0 を書き込みます。質問を終えると、0 と 1 の文字列ができます。私とペアの人の文字列を分析しましょう。両方の文字列は、0 と 1 のランダムな配列で、0 と 1 は、ほぼ

---

[4]　第 5 章では、アリスとボブは標準基底にこだわる必要がないことがわかります。どちらも同じ正規直交基底を使用している場合、どちらを使用しても、まったく同じ結果が得られます。

同じ回数発生します。それから、お互いに連絡し、お互いの文字列を比較します。ペアの人の文字列と私の文字列は同じです。100箇所すべてで、文字列は一致しています。

2番目のシナリオでは、それぞれ100組のペアになった時計があります。今回は、ペアの人が最初に測定するとします。1時間ごとに質問をし、私はその30分後に質問します。これらの質問の間の30分の間に、ペアの相手が私に電話し、私の時計の答えが何であるかを教えてくれます。実験の最後には、両方とも0と1の文字列があります。両方の文字列はあらゆる場所で一致します。ペアの人が私に電話して私に告げるたびに、私の測定の結果はあなたがいう通り正確でした。ペアの人の測定値が私のものに影響を及ぼしていると結論付けることはできるでしょうか。

さて、私はペアの人に、「私はルールに従わずズルしていた」と言ったとしましょう。私はペアの人が時計に尋ねる30分前に、自分の時計の質問をしていました。つまり、ペアの人が答える前に、私は答えを知っていました。ペアの人からの電話は私が知っていることを確認するだけでした。

データから、私が規則に従っているのか、それとも不正行為であるのかを知る方法はありません。あなたが質問する前に質問したのか、質問した後に質問するのかを判断する方法はありません。

ここには因果関係はなく、ただ相関関係があります。前に見たように、これらのもつれた量子時計を使用してメッセージを送信することはできません。しかし、そのプロセスにはまだ謎があります。アインシュタインは、もつれが「不気味な遠隔操作」を暗示していると説明しました。今日、多くの人々は、アクションはなく、相関関係だけがあると言うでしょう。もちろん、「アクション」の定義について屁理屈をいうことはできますが、アクションがないことに同意したとしても、不思議なことが起こっているようです。

あなたと私がもつれた量子時計のペアを持っていると仮定し、私たちはお互いに電話で話しています。私たちのどちらも時計に質問をしていない

ので、時計はまだもつれています。この状態で、私が時計に質問をすると、針が 12 または 6 を指しているという答えが得られる確率は等しくあります。しかし、私が時計に質問するとすぐに、2 つの答えのうちの 1 つを得る機会が等しくなくなります。つまり私とまったく同じ答えだけが得られます。

　私たちのペアの時計がもつれるとしたときに、私たちにはわからないように針が 12 または 6 のどちらかを指すようにもつれる、とすると不思議なところはありません。このとき、針がどちらかが決まるまでには、私たちの 1 人が質問をするまで待たなければなりませんが、1 人が答えを知るとすぐに、もう 1 人も答えがわかります。

　しかし、これは量子力学が説明するものではありません。量子力学では、私たちの針がどちらの方向を指しているかについての決定は前もって行われません。それは最初の人が質問をしたときに決まります。これが不思議を醸します。

　第 5 章では、これについて詳しく見ていきます。直感的で不思議ではない方法で、相関を組み込んだモデルを見ていきますが、残念ながら、それは間違っています。ジョン・スチュワート・ベルは、簡単な説明が正しくなく、神秘的な不気味さを残さなければならないことを示す独創的なテストを思いつきました。

第5章
ベルの不等式

　これまで粒子のスピンや光子の偏光に関する、量子力学のごく一部を見てきました。そこでは、量子ビットを数学的に記述する方法を説明してきました。この方法は量子ビットを記述する標準的な方法で、ニールス・ボーアが住んでいた街にちなんでコペンハーゲン解釈と呼ばれています。

　アルバート・アインシュタインとエルヴィン・シュレディンガー[1]を含む20世紀初頭の偉大な物理学者たちは、状態が、ある基底の状態へ与えられた確率でジャンプするという解釈を好みませんでした。確率の使用と非局所の概念の両方に反対していたのです。彼らは「隠れ変数」と「局所的な現実」を使ったより良いモデルがあるべきだと考えました。計算のためにコペンハーゲン解釈を使うことには反対していなかったものの、コペンハーゲン解釈による計算が正しい答えとなる理由を説明する、より深い理論や、謎を解明するランダム性のない理論があるはずだと考えていたのです。

　量子力学の哲学に興味を持つボーアとアインシュタインは、理論の本当の意味について一連の議論を交わしました。本章では、2つの異なる観点から見ていきますが、「話が脱線している」、「哲学的議論は量子計算を理解するために必要ではない」と思うかもしれません。すでにアインシュタインとシュレディンガーの見解が間違っていたこと、そしてコペンハーゲン解釈が標準的な記述方法と見なされていることは、受け入れられていま

---

[1]　Erwin Rudolf Josef Alexander Schrödinger（1887年 — 1961年）

す。しかし、アインシュタインとシュレディンガーはどちらも素晴らしい科学者であり、彼らの議論を振り返るのは意味があります。

　振り返る理由の1つは、ボーアとアインシュタインの議論が局所的な現実性に焦点を当てていたことです。この点については後でもう少し説明しますが、本質的に局所的な現実性とは、「ある粒子は、その付近にあるものによってのみ影響を受ける」というものです。実際、私たちは全員、局所的現実主義者ですが、量子力学はそれが間違っていることを示しています。アインシュタインのモデルは、少なくとも私にとっては、自然で正しいように思えます。私が「量子のもつれ」を初めて耳にしたとき、アインシュタインのモデルに似たモデルを仮定することが自然に思えました。読者も「量子のもつれ」について間違って考えているかもしれません。これらの議論は物理学の哲学にとって重要であり、そして神秘性を排除することはできないことを理解するのに役立ちます。アイルランドの物理学者であるジョン・スチュワート・ベル[2]は局所的な現実性と非局所的な現実性の2つのモデルを区別することができる独創的なテストを考案しました。そのモデルが単なる哲学ではなく、検証可能な理論であることに多くの人が驚きました。本書では量子力学に必要な数学のほんの一部しか取り上げていませんが、それはまさにベルの結果を理解するために必要なものです。ベルの試験は数回行われました。この実験の設定ですべての誤差の可能性を取り除くのは困難ですが、抜け穴は少しずつ排除されており、常にコペンハーゲン解釈が正しいという結果が出ています。この結果は20世紀の最も重要なものの1つであり、数学的な準備の揃った今、これを見ていくことには意味があります。

　もしかすると、これから取り上げるトピックの、どれが量子コンピューティングと関係があるのか疑問に思うかもしれません。そこで、この章の終わりに、ベルの不等式の背後にある考えが、暗号通信に使われることを

---

[2]　John Stewart Bell（1928年 — 1990年）

示します。また、ベルが使っている「もつれた量子ビット」が、量子アルゴリズムの中に再び現れることも示します。つまり、本章は量子コンピューティングに繋がっていくのです。しかし、本章を書いた主な理由は、ベルの考えが魅力的だからです。第 4 章で紹介した「もつれた量子ビット」を、異なる基底で測定した場合に何が起こるか確認することから始めましょう。以前の章で紹介した理論を、標準モデルであるコペンハーゲン解釈を使って分析することから始めます。

5.1　異なる基底でのもつれた量子ビット

第 4 章では、次の状態にある 2 つのもつれた時計を調べました。

$$\frac{1}{\sqrt{2}} \begin{bmatrix} 1 \\ 0 \end{bmatrix} \otimes \begin{bmatrix} 1 \\ 0 \end{bmatrix} + \frac{1}{\sqrt{2}} \begin{bmatrix} 0 \\ 1 \end{bmatrix} \otimes \begin{bmatrix} 0 \\ 1 \end{bmatrix}$$

アリスとボブがそれぞれ時計を 1 つ持っていて、両方とも針が 12 を向いているかどうかを尋ねると、どちらも 12 か、6 のどちらかを指しているという答えを得る、ということをみました。6、12 どちらの可能性も半々ですが、アリスとボブはまったく同じ結果を得ます。今、アリスとボブが測定している方向を変えるならどうなるでしょうか。たとえば、両方の針が 4 を指していることはあるでしょうか。時計の針は 4 か 10 のどちらかを指していることはわかりますが、アリスとボブはまったく同じ結果を得るでしょうか。4 または 10 となる可能性は半々でしょうか。

まず、次のようなもつれた状態の 2 つの量子ビットに対して直感的な議論をします。

$$\frac{1}{\sqrt{2}} \begin{bmatrix} 1 \\ 0 \end{bmatrix} \otimes \begin{bmatrix} 0 \\ 1 \end{bmatrix} + \frac{1}{\sqrt{2}} \begin{bmatrix} 0 \\ 1 \end{bmatrix} \otimes \begin{bmatrix} 1 \\ 0 \end{bmatrix}$$

2 つの電子がこの状態を表しているとします。アリスとボブがそれらの電子のスピンを 0 度の方向に測定したとしましょう。アリスが N を得ると、ボブは S を得ます。アリスが S を得ると、ボブは N を得ます。前述

のとおり、この状態は原子にあるスピンが打ち消し合っている 2 つの電子を表していると考えられます。しかし、スピンがあらゆる方向で相殺されることが予想されるので、アリスとボブが測定のための新しい基底を選択した場合、それらは依然として反対方向のスピンを得るはずです。対称性によって、どちらかの方向になる可能性も等しい、ことを意味します。

この直感的な議論から、もつれた量子ビットの状態

$$\frac{1}{\sqrt{2}}\begin{bmatrix}1\\0\end{bmatrix}\otimes\begin{bmatrix}0\\1\end{bmatrix}+\frac{1}{\sqrt{2}}\begin{bmatrix}0\\1\end{bmatrix}\otimes\begin{bmatrix}1\\0\end{bmatrix}$$

について、新しい正規直交基底 $(|b_0\rangle, |b_1\rangle)$ を使ってこの状態を書き換えれば、$\frac{1}{\sqrt{2}}|b_0\rangle\otimes|b_0\rangle+\frac{1}{\sqrt{2}}|b_1\rangle\otimes|b_1\rangle$ が得られるはずです。この議論は直観的です。明らかに、量子力学は直観的ではないので、直観的な議論をすることは完全に説得力があるわけではありませんが、この場合は、これから証明するように、正しいことがわかります。

5.2　もつれた状態を $(|b_0\rangle, |b_1\rangle)$ で書き直す

$|b_0\rangle$ と $|b_1\rangle$ を列ベクトルのように、$|b_0\rangle = \begin{bmatrix}a\\b\end{bmatrix}$ と $|b_1\rangle = \begin{bmatrix}c\\d\end{bmatrix}$ とします。次に、標準基底ベクトルを新しい基底ベクトルの線形結合で表します。これは標準的な方法で行います（「2.18　線形代数の解法テクニック」の 2 番目の手法を使います）。$\begin{bmatrix}1\\0\end{bmatrix}$ から始めましょう。

方程式

$$\begin{bmatrix}a&b\\c&d\end{bmatrix}\begin{bmatrix}1\\0\end{bmatrix}=\begin{bmatrix}a\\c\end{bmatrix}$$

は、

$$\begin{bmatrix}1\\0\end{bmatrix}=a\begin{bmatrix}a\\b\end{bmatrix}+c\begin{bmatrix}c\\d\end{bmatrix}$$

を意味します。その結果

$$\begin{bmatrix} 1 \\ 0 \end{bmatrix} \otimes \begin{bmatrix} 1 \\ 0 \end{bmatrix} = \left(a \begin{bmatrix} a \\ b \end{bmatrix} + c \begin{bmatrix} c \\ d \end{bmatrix} \right) \otimes \begin{bmatrix} 1 \\ 0 \end{bmatrix}$$

となります。

右側の項を並べ替えると、

$$a \begin{bmatrix} a \\ b \end{bmatrix} \otimes \begin{bmatrix} 1 \\ 0 \end{bmatrix} + c \begin{bmatrix} c \\ d \end{bmatrix} \otimes \begin{bmatrix} 1 \\ 0 \end{bmatrix}$$

が得られます。これは

$$\begin{bmatrix} a \\ b \end{bmatrix} \otimes \begin{bmatrix} a \\ 0 \end{bmatrix} + \begin{bmatrix} c \\ d \end{bmatrix} \otimes \begin{bmatrix} c \\ 0 \end{bmatrix}$$

と書き換えることができます。したがって、

$$\begin{bmatrix} 1 \\ 0 \end{bmatrix} \otimes \begin{bmatrix} 1 \\ 0 \end{bmatrix} = \begin{bmatrix} a \\ b \end{bmatrix} \otimes \begin{bmatrix} a \\ 0 \end{bmatrix} + \begin{bmatrix} c \\ d \end{bmatrix} \otimes \begin{bmatrix} c \\ 0 \end{bmatrix}$$

となります。同様に

$$\begin{bmatrix} 0 \\ 1 \end{bmatrix} \otimes \begin{bmatrix} 0 \\ 1 \end{bmatrix} = \begin{bmatrix} a \\ b \end{bmatrix} \otimes \begin{bmatrix} 0 \\ b \end{bmatrix} + \begin{bmatrix} c \\ d \end{bmatrix} \otimes \begin{bmatrix} 0 \\ d \end{bmatrix}$$

が得られます。これらの 2 つの結果を足し合わせると

$$\begin{bmatrix} 1 \\ 0 \end{bmatrix} \otimes \begin{bmatrix} 1 \\ 0 \end{bmatrix} + \begin{bmatrix} 0 \\ 1 \end{bmatrix} \otimes \begin{bmatrix} 0 \\ 1 \end{bmatrix}$$

となります。これにより、

$$\begin{bmatrix} a \\ b \end{bmatrix} \otimes \left(\begin{bmatrix} a \\ 0 \end{bmatrix} + \begin{bmatrix} 0 \\ b \end{bmatrix} \right) + \begin{bmatrix} c \\ d \end{bmatrix} \otimes \left(\begin{bmatrix} c \\ 0 \end{bmatrix} + \begin{bmatrix} 0 \\ d \end{bmatrix} \right)$$

が得られます。これは $|b_0\rangle \otimes |b_0\rangle + |b_1\rangle \otimes |b_1\rangle$ だけの

$$\begin{bmatrix} a \\ b \end{bmatrix} \otimes \begin{bmatrix} a \\ b \end{bmatrix} + \begin{bmatrix} c \\ d \end{bmatrix} \otimes \begin{bmatrix} c \\ d \end{bmatrix}$$

に単純化されます。したがって

$$\frac{1}{\sqrt{2}}\begin{bmatrix}1\\0\end{bmatrix}\otimes\begin{bmatrix}1\\0\end{bmatrix}+\frac{1}{\sqrt{2}}\begin{bmatrix}0\\1\end{bmatrix}\otimes\begin{bmatrix}0\\1\end{bmatrix}$$

は、

$$\frac{1}{\sqrt{2}}|b_0\rangle\otimes|b_0\rangle+\frac{1}{\sqrt{2}}|b_1\rangle\otimes|b_1\rangle$$

に等しいことが示されます。

この結果はアリスとボブがもつれた量子ビット

$$\frac{1}{\sqrt{2}}\begin{bmatrix}1\\0\end{bmatrix}\otimes\begin{bmatrix}1\\0\end{bmatrix}+\frac{1}{\sqrt{2}}\begin{bmatrix}0\\1\end{bmatrix}\otimes\begin{bmatrix}0\\1\end{bmatrix}$$

を持ち、両者が正規直交基底 ($|b_0\rangle$, $|b_1\rangle$) に関して量子ビットを測定することを選択した場合、もつれ状態は、$\frac{1}{\sqrt{2}}|b_0\rangle|b_0\rangle+\frac{1}{\sqrt{2}}|b_1\rangle|b_1\rangle$ と書くことができます。最初の測定が行われると、状態は $|b_0\rangle|b_0\rangle$ または $|b_1\rangle|b_1\rangle$ のいずれかにジャンプします。ここで、これらの状態はもつれておらず、同じ確率でどちらかにジャンプします。その結果、アリスとボブの両方が量子ビットを測定したとき、それらは両方とも0を得るか、または両方とも1を得ます。そして0、1は、どちらも等しい確率で起こります。

ベルの結果を理解するために、3つの違った基底を用いてもつれた量子ビットを測定します。これらは、測定器を0度、120度、および240度に回転させることに対応する基底です。もつれた時計では、針が12を指しているかどうか、4を指しているか、8を指しているかを尋ねるとします。

これらの基底を ($|\uparrow\rangle$, $|\downarrow\rangle$)、($|\searrow\rangle$, $|\nwarrow\rangle$)、($|\nearrow\rangle$, $|\swarrow\rangle$) で表すとすると、以下はまったく同じもつれた状態になっています。

$$\frac{1}{\sqrt{2}}|\uparrow\rangle|\uparrow\rangle+\frac{1}{\sqrt{2}}|\downarrow\rangle|\downarrow\rangle \quad \frac{1}{\sqrt{2}}|\searrow\rangle|\searrow\rangle+\frac{1}{\sqrt{2}}|\nwarrow\rangle|\nwarrow\rangle$$
$$\frac{1}{\sqrt{2}}|\nearrow\rangle|\nearrow\rangle+\frac{1}{\sqrt{2}}|\swarrow\rangle|\swarrow\rangle$$

さて、ここでアインシュタインに目を向け、これらのもつれた状態をどのように考えたかを追ってみます。

5.3　アインシュタインと局所現実性

　重力は局所現実性を説明する良い例です。ニュートンの重力の法則は、2つの質量の間に働く力の強さを表す公式を与えます。2つの物質の質量、離れている距離、そして重力定数を代入すると、引力の大きさが計算できます。ニュートンの法則は物理学を変えました。たとえば、恒星を周回する惑星が楕円軌道を描くように動いていることを示すのに使うことができます。引力は計算できますが、太陽が惑星を結びつけているメカニズムはわかりません。

　ニュートンの重力の法則は計算には役立ちましたが、重力がどのように働くのかを説明しません。ニュートン自身もどのように働くかに関心を持っていました。誰もが、重力の作用を説明するより深い理論があるだろうと考えました。宇宙に浸透すると考えられていた「エーテル」を含む、さまざまな提案がなされました。重力の背後にあるメカニズムについては統一された見解はありませんでしたが、重力は遠隔力、物体が空間を隔てて直接働く力、でもなく、何らかの理論があるはずだ、という問題意識は研究者間で共有されていました。ここで局所現実性と呼ぶものについても信念がありました。

　ニュートンの重力の法則は、アインシュタインの一般相対性理論によって置き換えられました。アインシュタインの理論は、ニュートンの理論では説明できない天体の動きを正確に予測するという点でニュートンの理論を改良しただけでなく、重力がどのように働いたかについての説明も与えました。一般相対性理論は時空の歪みを説明します。惑星は存在する時空の形に従って動きます。遠隔力ではなく局所的なものでした。

　量子力学のコペンハーゲン解釈は、遠隔力を再導入しました。1対のもつれた量子ビットを測定すると、量子ビットが物理的に遠く離れていても、すぐに状態が変化します。アインシュタインの考えは非常に自然で、遠隔力を重力理論から排除しましたが、再び採り入れられてしまいました。違

いは、ボーアが遠隔力の背後にあるメカニズムを説明することができるより深い理論があるとは信じていなかったということでした。アインシュタインは反対しました。

アインシュタインはボーアが間違っていると証明できると信じていました。アインシュタインは、ボリス・ポドリスキー[3]とネイサン・ローゼン[4]と共に、特殊相対性理論によると、情報が光速より速く進むことはできないが、瞬間的な遠隔作用があるというのは、情報をアリスからボブに瞬時に送ることができることを意味すると指摘した論文[5]を書きました。この問題は「アインシュタイン＝ポドルスキー＝ローゼンのパラドクス」[6]として知られるようになりました。

今日では、EPR パラドクスはスピンを使って説明されています。これはアインシュタインらによる説明とは違います。アインシュタインらは2つのもつれた粒子の位置と運動量を考察しました。スピンを使い、このパラドクスを再定式化したのはデヴィッド・ボーム[7]でした。ボームの定式化は、現在実際に使用され、ジョン・スチュワート・ベルが重要な不等式を計算するためにも使われました。ボームがパラドクスの説明と再定式化に大きな役割を果たしたとしても、ボームの名前は通常省略されています。

第4章の最後に、コペンハーゲン解釈では光の速度より速く情報を伝達することは許されていないと指摘しました。そのため EPR パラドクスは実際にはパラドクスではありませんが遠隔力を使わない理論があるかどうかという問題はまだあります。

---

[3]　Boris Podolsky（1896 年 — 1966 年）

[4]　Nathan Rosen（1909 年 — 1995 年）

[5]　A.Einstein, B.Podolsky, and N.Rosen, "Can Quantum-Mechanical Description of Physical Reality Be Considered Complete?", Rhys.Rev **47**, 777(1935)

[6]　頭文字をとって EPR パラドクスとも呼ばれます。

[7]　David Joseph Bohm（1917 年 — 1992 年）

5.4　アインシュタインと隠れ変数

　古典的な見方では、物理学は決定論的です。つまり、もし無限の精度で
すべての初期条件を知っていれば、確実に未来を予測することができます。
もちろん、初期条件はある程度の有限の精度でしか知ることができません。
つまり、測定されるものには常にわずかな誤差があります。誤差とは、測
定値と、真の値のわずかな差です。時間が経つにつれて、この誤差は、そ
の後ちゃんとした予測ができなくなるまで大きくなる可能性があります。
この考えは、一般に「初期条件に対する鋭敏な依存性」[8]として知られてい
るものの基礎となります。たとえば、1週間以上の天気予報がまったく信
頼できない理由などを説明します。ただし、基礎となる理論は決定論的で
あることを忘れないでください。天気は予測できそうにありませんが、そ
れは固有のランダムさによるものではなく、十分に正確な測定を行うこと
ができないという理由によります。

　確率が古典的な物理学に組み込まれているもう1つの分野は、気体につ
いての法則、つまり熱力学の法則にもありますが、やはり根底にある理論
は依然として決定論的です。気体中のすべての分子の速度と質量が正確に
わかっていれば、理論的には将来的に各分子に何が起こるかを完全に正確
に予測することができます。実際には、もちろん、それらを1つずつ検討
するには分子が多すぎるので、平均値を取り、統計的観点から気体を調べ
ます。

　この古典力学の決定論的な性質を表す有名なアインシュタインの言葉と
して「神はサイコロを振らない」があります。アインシュタインは量子力
学における確率の使用は、理論の不完全性によると感じていました。決定
論的な、おそらく新しい変数を含みつつそして、新しい変数を未知の変数
と見なさない場合は確率的に見えるような、より深い理論があるはずだと。

---

[8]　入力にわずかな違いがあっても出力に莫大な違いが生じる現象のこと。カオス理論の
重要な概念の1つ。初期値鋭敏性とも言います。

これらの未知の変数は隠れ変数として知られるようになりました。

5.5　もつれ状態の古典的な説明

　量子時計の状態 $\frac{1}{\sqrt{2}}|\uparrow\rangle|\uparrow\rangle + \frac{1}{\sqrt{2}}|\downarrow\rangle|\downarrow\rangle$ から始めます。アリスとボブは、時計の針が 12 を指しているかどうかを質問します。量子モデルでは、アリスとボブはまったく同じ結果、針は 12 または 6 を指している、を得ます。どちらの結果も同じ確率で得られます。もつれた電子のスピンを測定する実験は実際に行えます。実験結果はまさに量子モデルが予測するものです。これを古典的なモデルでどのように説明したらよいでしょうか。

　前述の状況に対する古典的な解釈は非常に簡単です。電子はどの方向にも明確なスピンを持っています。もつれた電子はある局所的相互作用によってもつれるようになります。再度、隠れ変数を含んだより深い理論を考えましょう。正確にはどのように起こるかはわかりませんが、電子をまったく同じスピン配置状態にする局所的な過程があります。それらがもつれているとき、両方の電子に対してスピンの方向が選ばれます。

　よくシャッフルした 52 枚のトランプを想像してください。この中から 1 枚のカードを引き出します。そのカードを半分に切断し、それぞれ別の封筒に入れます。ここまでのどの時点でも、カードの種類は見ていません。それから宇宙のそれぞれ異なる片隅に住んでいる、ボブとアリスに半分に切られたカード入り封筒を送ります。2 人は封筒の中のカードが何なのか知りません。もちろんそれは 52 枚のうちのどれかです。アリスは手元の封筒を開けて、それがダイヤのジャックだったとします。すると、ボブが持っている封筒の中のカードもダイヤのジャックであることがわかります。遠隔力はもちろん、不思議なことは何もありません。

　ベルの結果を理解するために、3 つの異なる方向でもつれた量子ビットを測定します。もつれた時計の比喩表現に戻りましょう。針が 12 を指しているのか、4 を指しているのか、8 を指しているのか、3 つの質問のう

ちの１つを選択し、問いかけます。量子論的モデルは、質問に対する答え
は、針が尋ねられた方向を向いているか、反対方向を向いているかのどち
らかになると予測します。針の向きが、尋ねられた方向か反対方向かの確
率は半々であることもわかります。しかし、アリスとボブがまったく同じ
質問をすると、２人ともまったく同じ答えを得ます。これまで同様の答え
を得ることで、古典的に説明することができました。

　時計をもつれさせる局所的な過程はいくつかあります。これがどのよう
に行われるかを正確に説明するのではなく、隠れ変数を持ったさらに深い
理論があると仮定して、その隠れ変数を使うことにします。しかし、時計
がもつれると、３つの質問に対する明確な答えが出ます。これは、それぞれ
異なる色の裏面を持つ３組のトランプを持っているのに例えられます。青
の組、赤の組、緑の組からカードを１枚ずつ抜き取ります。計３枚のカー
ドを半分に切り、その半分をアリスに、残りの半分をボブに送るとします。
アリスの元に送られてきた緑のカードがダイヤのジャックであれば、ボブ
の緑のカードもダイヤのジャックであることがわかります。量子時計の場
合、古典論をベースにすると、回答は質問前にすでに明確に存在します。
一方、量子論をベースにすると、回答は尋ねるまで存在していないといえ
ます。

5.6　ベルの不等式

　アリスとボブに送る量子ビットのペアのストリーム[9]を生成していると想
像してください。各量子ビットのペアはもつれた状態 $\frac{1}{\sqrt{2}}|\uparrow\rangle|\uparrow\rangle + \frac{1}{\sqrt{2}}|\downarrow\rangle|\downarrow\rangle$
にあるとします。アリスはランダムに量子ビットの向きを０度、120度、
または240度のいずれかにします。この方向はそれぞれ確率 1/3 でラン
ダムに選択されます。アリスは自分が選択した方向を記録する必要はあり
ませんが、０または１、どちらの結果が得られたかを記録します（０は１番

---

[9]　連続的に何個も流すように送ること。

目の基底ベクトル、1 は 2 番目の基底ベクトルになっていることを確認し
ておきましょう）。アリスが自分の量子ビットを測定した直後、ボブは同
じ 3 つの方向のいずれかを、それぞれ確率 1/3 でランダムに選択し、自分
の量子ビットを測定します。アリスのように、ボブも方向を記録せず、た
だ 0 か 1 のどちらを得たかの結果だけを記録します。

　2 人は 0 と 1 からなる長い文字列を記録することになります。記録し終
えたら、彼らは文字列を順番に 1 つずつ比較します。文字が一致する場合
は A と記録し、一致しない場合は D と記録します。次に、2 番目の文字を
確認し、文字が一致するかどうかに応じて A または D を記録します。こ
のようにしてすべての文字を比較して、終わるまで続けます。

　生成された文字列に、A が出てくる割合はどの程度でしょうか。ベルは、
量子力学的モデルと古典的モデルでは答えが異なることに気付きました。

5.7　量子力学的モデルでの答え

　量子ビットが $\frac{1}{\sqrt{2}}|\uparrow\rangle|\uparrow\rangle + \frac{1}{\sqrt{2}}|\downarrow\rangle|\downarrow\rangle$ のようにもつれた状態にあるとし
ます。アリスとボブが同じ方向での測定を選択した場合、2 人とも同じ答
えを得るでしょう。問題は、2 人が異なる基底を選択した場合どうなるか
です。

　アリスが $(|\searrow\rangle, |\diagdown\rangle)$ を選び、ボブが $(|\diagup\rangle, |\nearrow\rangle)$ を選んだとしま
す。もつれた状態は、$\frac{1}{\sqrt{2}}|\uparrow\rangle|\uparrow\rangle + \frac{1}{\sqrt{2}}|\downarrow\rangle|\downarrow\rangle$ で、アリスの基底を使うと
$\frac{1}{\sqrt{2}}|\searrow\rangle|\searrow\rangle + \frac{1}{\sqrt{2}}|\diagdown\rangle|\diagdown\rangle$ となります。彼女が測定すると状態は $|\searrow\rangle|\searrow\rangle$
または、$|\diagdown\rangle|\diagdown\rangle$ のどちらかに 1/2 の確率でジャンプします。もしアリ
スが $|\searrow\rangle|\searrow\rangle$ にジャンプすると、0 を書き込みます。$|\diagdown\rangle|\diagdown\rangle$ にジャン
プすると、1 を書き込みます。

　さて、ボブが測定する番です。アリスの測定後、量子ビットは状態
$|\searrow\rangle|\searrow\rangle$ にあり、ボブの量子ビットは状態 $|\searrow\rangle$ にあるとします。ボブの
測定結果を計算するには、ボブの基底を使用して書き換える必要がありま

す。2 次元のケットを使ってすべてを書くと、次のようになります。

$$|\searrow\rangle = \begin{bmatrix} 1/2 \\ -\sqrt{3}/2 \end{bmatrix} \quad |\swarrow\rangle = \begin{bmatrix} -1/2 \\ -\sqrt{3}/2 \end{bmatrix} \quad |\nearrow\rangle = \begin{bmatrix} \frac{\sqrt{3}}{2} \\ -1/2 \end{bmatrix}$$

基底のブラによって与えられた行を使用し、行列に $|\searrow\rangle$ を掛けます。

$$\begin{bmatrix} -1/2 & -\sqrt{3}/2 \\ \frac{\sqrt{3}}{2} & -1/2 \end{bmatrix} \begin{bmatrix} 1/2 \\ -\sqrt{3}/2 \end{bmatrix} = \begin{bmatrix} 1/2 \\ \sqrt{3}/2 \end{bmatrix}$$

これは、$|\searrow\rangle = \frac{1}{2}|\swarrow\rangle + \frac{\sqrt{3}}{2}|\nearrow\rangle$ であることを示しています。ボブが測定するとき、確率 1/4 で 0、確率 3/4 で 1 を得るはずです。したがって、アリスが 0 を得ると、ボブは 1/4 の確率で 0 になります。他のケースをチェックするのは簡単です。アリスが 1 を得た場合、ボブも 1 を得る確率は 1/4 です。

残りの場合も同じような結果が得られます。ボブとアリスが異なる方向で測定した場合、確率 1/4 で同じ結果を得、確率 3/4 で異なる結果を得ます。

要約すると、測定の 1/3 は、2 人とも同じ方向で測定します。そして、毎回同じ結果が得られます。測定の 2/3 は、異なる方向で測定しており、測定値は 1/4 の確率で一致しています。このことから A と D からなる文字列の A の割合を計算すると

$$\frac{1}{3} \times 1 + \frac{2}{3} \times \frac{1}{4} = \frac{1}{2}$$

となります。

結論として、量子力学モデルでは、長期的には A の比率は半分になるはずである、が答えになります。

今度は古典的モデルを考えましょう。

5.8 古典的モデルでの答え

古典的モデルでは、どんな方向の測定値も最初から決定済みということです。先ほど同様、3 つの方向を考えます。各方向の測定値は 0 または 1 のいずれかです。このことから、000、001、010、011、100、101、110、111 の 8 つの状態を想定できます。3 つ並んだ数字のうち、左端は基底 $(|\uparrow\rangle, |\downarrow\rangle)$ で測定した場合の答え、中央は基底 $(|\searrow\rangle, |\nwarrow\rangle)$ で測定した場合の答え、右端は、基底 $(|\nearrow\rangle, |\swarrow\rangle)$ で測定した場合に得られる答えです。

この場合のもつれとは、アリスの量子ビットとボブの量子ビットの構成が同一であることです。アリスの量子ビットの構成が 001 であれば、ボブも 001 です。アリスとボブが方向を選んだときに何が起こるのかを理解してください。たとえば、電子の配置が 001、アリスが測定に選んだ基底が $(|\uparrow\rangle, |\downarrow\rangle)$ のとき、ボブが 3 つ目の基底を使用して測定した場合、アリスが得る測定値は 0、ボブが得る測定値は 1 なので、一致しません。

表 5–1 に、すべての可能性を示します。左の列は状態を示し、上の行はアリスとボブの測定基底として取りうるものです。基底を表すために文字を使用します。$(|\uparrow\rangle, |\downarrow\rangle)$ を a、$(|\searrow\rangle, |\nwarrow\rangle)$ を b、$(|\nearrow\rangle, |\swarrow\rangle)$ を c で表します。最初にアリスの基底、次にボブの基底を並べます。したがって、たとえば、(b, c) は、アリスが $(|\searrow\rangle, |\nwarrow\rangle)$ を選択し、ボブが $(|\nearrow\rangle, |\swarrow\rangle)$

表5–1：アリスとボブが選ぶ全測定基底と全状態に対応した一致と不一致

状態	測定方向								
	(a,a)	(a,b)	(a,c)	(b,a)	(b,b)	(b,c)	(c,a)	(c,b)	(c,c)
000	A	A	A	A	A	A	A	A	A
001	A	A	D	A	A	D	D	D	A
010	A	D	A	D	A	D	A	D	A
011	A	D	D	D	A	A	D	A	A
100	A	D	D	D	A	A	D	A	A
101	A	D	A	D	A	D	A	D	A
110	A	A	D	A	A	D	D	D	A
111	A	A	A	A	A	A	A	A	A

を選択していることを意味します。表の値は、測定値が一致するかどうか
を示します。

　状態に割り当てるべき確率はわかりません。可能な状態は 8 つありま
す。そのため発生する確率が 1/8 とは、もっともらしく思えますが、すべ
て等しく 1/8 というわけではありません。数学的分析では確率の値につい
て何の仮定もしません。しかし、測定方向に確率を割り当てることはでき
ます。ボブとアリスが等しい確率で 3 つの基底を選んでいるので、基底の
9 つの可能な対は確率 1/9 です。

　各行に少なくとも 5 つの A が含まれていることに注意してください。こ
れは、任意の構成を持つ一対の量子ビットに対して、A を取得する確率は
少なくとも 5/9 であることを示しています。A を取得する確率は各状態で
少なくとも 5/9 であるため、状態にどんな確率を割り当てても、全体的な
確率は少なくとも 5/9 である必要があります。

　これでベルの結果が導き出されました。量子力学的モデルは、アリスの
文字列とボブの文字列が正確に半分で一致することを示しています。古典
論モデルは、アリスの文字列とボブの文字列が少なくとも 5/9 の割合で一
致することを示しています。この結果は 2 つの理論を区別するためのテス
トとなります。

　ベルは 1964 年に不等式を発表しました。残念なことに、アインシュタ
インもボーアも他界した後だったため、局所現実性の存在について、いず
れが正しいかを決定する実験的な方法であることに気付かれませんでした。

　実際に実験を行うのは困難です。ジョン・クラウザー[10]とスチュアート・
フリードマン[11]は 1972 年に実験を行い、量子力学的予測が正しいことを
示しました。しかし、この実験では、いくつかの仮定が必要だったため、
古典的な見解は依然として正しい可能性があったのです。以来、実験は洗

---

[10]　John Francis Clauser（1942 年 —）

[11]　Stuart Jay Freedman（1944 年 — 2012 年）

練されつつ繰り返され、そしてその結果は常に量子力学と一致してきました。今日では、古典的なモデルが間違っているという見解に疑問の余地はほとんどありません。

　初期の実験には 3 つの潜在的な問題がありました。1 つ目は、アリスとボブが近すぎること。2 つ目は、実験であまりにも多くのもつれた粒子を見逃していたこと。3 つ目は、アリスとボブの測定方向の選択が実際にはランダムではないことです。測定者（この場合はアリスとボブ）が互いに接近している場合、測定値が他の何らかのメカニズムによって影響を受ける可能性があるのは理論的にありえます。たとえば、最初の測定の直後、光子が移動して 2 番目の測定に影響を与えます。これを防ぐには、測定者は十分に離れていなければなりません。測定間の時間間隔を光子がその間を移動するのにかかる時間よりも短くするためです。この抜け穴に対抗するために、もつれた光子が使用されます。もつれた電子とは異なり、もつれた光子は外界と相互作用することなく長距離を進むことができます。

　残念ながら、この外界からの相互作用を容易にしないという光子の性質によって、測定は困難になります。光子を含む実験では、大半のもつれた光子が測定を免れるので、理論的には選択バイアスが存在するでしょう。そのため、測定結果は選択バイアス下におけるサンプルの特性を反映します。選択バイアスの抜け穴に対抗するために、電子が使用されてきました。しかし、電子を使う場合、測定する前に、どのようにして十分に離れたもつれた電子を用意すればよいのでしょうか。

　これはまさに第 4 章で述べた、デルフト工科大学のチームが、ダイヤモンドに閉じ込めたもつれた電子と光子を使って解決した問題です[12]。彼らの実験は両方の抜け穴を同時に閉じたかのようです。

　ランダム性の問題はもっと困難です。コペンハーゲン解釈の場合、乱数

---

[12]　B.Hensen *et al.*, "Loophole-free Bell inequality violation using electron spins separated by 1.3 kilometres" Nature **526**, 682-686(2015).
https://www.nature.com/articles/nature15759/

の列を生成するのは簡単です。しかし、ランダム性に起因する問題がある
のであれば、数値列について、ランダムかどうかを調べる必要があります。
数値列の中から規則性を探すためのテストはたくさんありますが、これら
のテストでは否定的な結果しか得られません。文字列がテストに失敗した
場合、その文字列はランダムではないことがわかります。テストに合格す
ることは良い傍証ですが、文字列がランダムであることを証明するもので
はありません。

　言えるのは、量子力学的に生成されたどんな文字列も、「ランダムのテ
ストに失敗していない」ということだけです。

　実験ではアリスが測定する方向とボブが測定する方向とを、確実に相関
させないように、巧妙な方法が選ばれています。しかし、繰り返しますが、
相関のないランダムな結果が得られていると考えてはいますが、その結果
が隠れ変数理論によって決定されている、という可能性を排除することは
できません。

　ほとんどの人はアインシュタインが間違っていると証明されたと考えて
いますが、彼の理論は理にかなっています。特にベルは、実験の結果を見
るまでは、古典理論は 2 つの理論のうちより優れた理論であると思ってい
ました。ベルは次のように言っています。

　「局所現実性は非常に合理的であり、アインシュタインが局所現実性を
認め、他の人が局所性を否定したとき、アインシュタインは合理的だった
と思います。歴史によって正当化されましたが、彼らは局所性については
見て見ぬふりをしていました。……だから私にとって、アインシュタイン
の考えがうまくいかないのは残念です。合理的なことがうまくいかないの
です」[13]。

　私はベルに完全に同意しています。普通はこれらの考えに出会ったとき、
アインシュタインの見解は自然な見方であるように思えます。むしろボー

[13]　J. Bernstein, "Quantum Profiles", Princeton University Press, 1990.

アが「それは間違いである」と確信していたことに驚きを感じます。後に
ベルの定理と呼ばれることもある、このベルの実験による結果は、ノーベ
ル物理学賞に選出されました。ベルは 62 歳という比較的若い年齢で脳卒
中で亡くなりましたが、生きていればノーベル賞を受け取っただろうと考
えられています。興味深いことに、ベルファストにはベルの定理にちなん
で名付けられた通りがあります。これはたぶん Google マップに入力して
場所を取得できる唯一の定理でしょう。

　私たちは「現実の局所性」という当たり前のような仮定を放棄しなけれ
ばなりません。粒子はもつれているが、遠く離れている場合は、スピンが
各粒子に個別にある、局所的な特性として考えるべきではありません。そ
れは粒子のペアという観点から考慮されなければならない非局所的な性質
です。

　量子力学についての議論を終える前に、理論のもう 1 つの変わった側面
にも注目すべきです。

5.9　測定

　量子力学では、測定を行うと、状態ベクトルが基底ベクトルにジャン
プすると説明されます。測定を行うまではすべて決定的であり、それから
基底ベクトルの 1 つにジャンプします。基底ベクトルにジャンプする確率
は厳密に理解されています。しかしそれでも確率です。測定を行うと、理
論は決定論から確率論に変わります。

　量子力学の一般的な理論では、測定が行われると収縮するのはシュレディ
ンガーの波動方程式の解です。この方程式を発見したエルヴィン・シュレ
ディンガーは測定を行うと、与えられた確率によって波動が収縮していく
という考えにとても不満を抱いていました。

　重要な問題は、測定が定義されていないことです。測定は量子力学の一
部ではありません。測定はジャンプを引き起こします、では、測定とは何

を意味するのでしょうか。観測という言葉も測定の代わりに使用されてきました。観測という言葉から人間の意識がこのジャンプを引き起こすのだという説を唱える人も出てきましたが、それはありえないでしょう。標準的な説明では、測定は「巨視的装置との相互作用を含む」ということです。測定の実験装置は、古典物理学を用いて記述することができるほど十分に大きく、量子力学的な理論解析を適用する必要がないというものです。つまり測定を行うときはいつも、測定される物体と物理的に相互作用しなければならず、この相互作用がジャンプを引き起こすというものです。しかし、この説明は完全に満足できるものではありません。もっともらしい説明ですが、数学的な正確さに欠けています。

　量子力学について、コペンハーゲン解釈において問題と思われるものを解決するため、さまざまな解釈が提案されてきました。

　「多世界解釈」では、「状態ベクトルがある状態にジャンプするように見えるだけ」とすることで測定問題を扱いますが、実際には異なる宇宙があり、それぞれの可能性は多くの宇宙の1つで実際に発生する、とします。この宇宙におけるあなたは、1つの結果を得ますが、別の結果を得る別の宇宙におけるあなたもある、ということです。

　ボーム的な量子力学は確率の導入を解決しようとする取り組みです。これは決定論で、粒子は古典的な粒子のように振る舞いますが、非局所的なパイロット波と呼ばれる新しい概念も導入されます。

　これらの各理論には多くの熱心な信者がいます。たとえば、後で出てくる予定のデイビッド・ドイッチ[14]は多世界解釈を信じています。しかし現時点では、ベルの不等式実験が間違っていることを示しているという局所的な隠れ変数理論とは異なり、ある解釈と別の解釈よりも好ましいという科学的、実験的な証明はありません。すべての解釈は現在の量子力学の数学的理論と一致しています。それぞれの解釈は、数学理論が現実とどのよ

---

[14]　David Deutsch（1953 年 —）

うに関連しているかを説明しようとする方法です。おそらくいつか、異な
る解釈が実験的に区別されることができる、異なる結論を導くことを示す
ことができる、ベルのような洞察に満ちた天才が現れることでしょう。し
かし、現時点では、ほとんどの物理学者はコペンハーゲン解釈に同意して
います。この解釈を使用しない説得力のある理由はありませんので、今後
はコメントせずに使用します。本章の最後の節では、ベルの定理は単なる
学術的関心事ではないことを示しています。実際、暗号化に使用される鍵
を安全に共有するために使用できます。

5.10 量子鍵配送のためのエッカートプロトコル

1991 年、アルトゥール・エカートは、ベルの実験で使用されるもつれた
量子ビットに基づく方法を提案しました。少し違った方法はいくつもあり
ます。ここではベルの実験で使った、表式を用いた方法を取り上げます。

アリスとボブは量子ビットのストリームを受信します。量子ビットの 1
組のペアについて、1 つはアリス、もう 1 つはボブが受け取るとします。
このスピン状態はもつれており、必ず、

$$\frac{1}{\sqrt{2}}|\uparrow\rangle|\uparrow\rangle + \frac{1}{\sqrt{2}}|\downarrow\rangle|\downarrow\rangle$$

であるとします。

アリスとボブが同じ正規直交基底を使用してそれぞれの量子ビットを測
定すると、等しい確率で 0 または 1 のいずれかが得られること、また、両
方ともまったく同じ答えが得られることがわかっています。

アリスとボブが毎回標準基底で量子ビットを測定し、決定するというプ
ロトコルを設定できます。すると 2 人は正確に同じビットの文字列を得ま
す。文字列は 0 と 1 のランダムな列になります。これは暗号の鍵を選択し
て通信する素晴らしい方法だと思いませんか？ 問題はそれが安全ではな
いということです。イブがボブの量子ビットを受信している場合、アリス
は標準基底で測定してから、結果として生じるもつれのない量子ビットを

ボブに送信することができます。その結果、アリス、ボブ、イブの3人は
すべて同じビット文字列を得ることになります。

　解決策は、ベルの実験の場合とまったく同じように、ランダムに3つの
基底を選択して量子ビットを測定することです。BB84プロトコルのよう
に、測定ごとにアリスとボブは測定結果と選んだ基底の両方を記録します。
彼らは$3n$回の測定後、選んだ基底の列を比較します。これは安全でない
チャネルで行えます。なぜなら、基底を明らかにしているだけで、結果は
明らかにしていませんから。だいたいn個の選んだ基底に対して、アリス
とボブは一致を見るはずです。一致した基底に関しては、すべて同じ測定
を行っているはずで、その時は2人とも0になるか、または2人とも1に
なります。これは2人に0と1からなるn個の文字列を与えます。イブが
盗聴していない場合、これが2人の暗号の鍵となります。

　次に、2人はイブをテストします。イブが盗聴していれば、イブは測定
を行わなければならず、測定を行うたびに、もつれ合った状態はもつれな
くなります。アリスとボブは、2人が異なる基底を選んだときの0と1の
文字列を比較します。これにより、約$2n$個の0と1の2つの文字列が得
られます。ベルの不等式計算から、状態がもつれているならば、全体の文
字列の1/4について、同じ結果が得られるはずです。しかし、イブが量子
ビットの1つを測定している場合、文字列が一致する割合は変化します。
たとえば、アリスとボブが測定を行う前にイブが量子ビットを測定する場
合、アリスとボブの測定が一致する割合が3/8に増加することが容易に
示せます。アリスとボブにとって、これはイブが存在するかどうかについ
てのテストになります。2人は結果が一致する割合を計算します。割合が
1/4であれば、誰も盗聴していないと結論付けることができ、暗号の鍵を
使用します。

　エカートプロトコルには、プロセスが暗号の鍵を生成するという便利な
機能があります。事前に数字を生成して保存する必要がないため、暗号化
に対する主なセキュリティ上の脅威の1つが排除されます。このプロトコ

ルは、もつれた光子を使った実験で成功しています。

　量子力学の概念の紹介を終えたので、次の章では古典的な計算について紹介します。

第6章
古典論理、ゲート、および回路

　本章では、年代順にアイデアを大雑把に提示し、古典的な計算を簡単に学びます。19世紀後半にジョージ・ブール[1]によって導入されたブール関数と論理から始めます。1930年代、クロード・シャノン[2]はブール代数を研究し、電気的なスイッチを使用してブール関数を記述できることに気付きました。ブール関数に対応する電気部品は、論理ゲートと呼ばれます。ブール関数を構成することは、これらのゲートを含む回路の研究になります。論理の観点からブール関数を調べ、続いて、すべてを回路とゲートに変換する方法を示します。

　ここまでの内容は、たいていのコンピュータサイエンスの教科書に取り上げられていますが、本書ではこの後、一般的な教科書には載っていない考え方を見ていきます。1970年代、ノーベル賞を受賞した物理学者リチャード・ファインマン[3]は計算理論に興味を持ち、1980年代初頭に数年間、カリフォルニア工科大学で計算理論の講座を開きました。この講義は、最終的に『ファインマン計算機科学』[4]として出版されました。ファインマンの計算理論への関心は、部分的にはエドワード・フレドキン[5]自身と彼の

---

[1] George Boole（1815年 — 1864年）

[2] Claude Elwood Shannon（1916年 — 2001年）

[3] Richard Phillips Feynman（1918年 — 1988年）

[4] 『ファインマン計算機科学』著：ファインマン、編纂：A. ヘイ、R. アレン、翻訳：原康夫、中山健、松田和典、刊：岩波書店、1999年

[5] Edward Fredkin（1934年 —）

物理学と計算機に対する一風変わった視点にありました。

　フレドキンは、宇宙はコンピュータであり物理法則は可逆的であるとし、研究対象として可逆計算と可逆ゲートを第一にあげていました。もっとも、物理学のコミュニティはフレドキンの論文を受け入れるまでには至りませんでしたが、型にはまらない素晴らしいアイデアを持っていることで知られています。その 1 つは、ビリヤードボールコンピュータです。ファインマンの書籍には、可逆ゲートの説明が含まれており、ボールを互いに跳ね返して計算を実行する方法が示されています。

　本書では、ファインマンのアプローチを採用します。可逆ゲートは、まさに量子計算に必要であることがわかりました。ビリヤードボールコンピュータにより、ファインマンはボールの代わりに相互作用する粒子について考えるようになりました。相互作用する粒子について考えることは、量子コンピューティングに関するひらめきでしたが、主にそのシンプルさと独創性のためにここで取り扱うことにします。

6.1　論理

　19 世紀後半、ジョージ・ブールは、論理の特定の部分を代数的に扱う、つまり代数の手法を使って表現できる論理の法則に気付きました。そして、3 つの基本操作、否定（NOT）、論理積（AND）、論理和（OR）による真理値表が誕生します。量子コンピューティングにおいても、この真理値表を利用するので、ブール論理を導入する標準的な方法を説明します。

否定/NOT

　論理式または演算式が真であるとき、否定は偽です。逆に、論理式または演算式が偽であるとき、否定は真となります。真は「true」のことで、「T」と表します。偽は「false」のことで、「F」と表します。否定は「NOT」のことです。たとえば、演算式 $2 + 2 = 4$ は真であり、その否定 $2 + 2 \neq 4$

は偽です。具体的な演算式の代わりに、記号 P、Q、R で代用することも
あります。たとえば、$2+2=4$ を P で表します。記号 ¬ は否定を表しま
す。¬P は $2+2 \neq 4$ を表します。記号を使用することで、否定の基本的
な性質をシンプルに表現できます。P が真の場合、¬P は偽です。P が偽
の場合、¬P は真です。さらに簡潔にするために、記号 T と F を使用し
て、それぞれ真と偽を示すことができます。表にまとめてみましょう。

P	¬P
T	F
F	T

論理積/AND

論理積（AND）の記号は ∧ です。2 つの論理式 P と Q がある場合、そ
れらを組み合わせて $P \wedge Q$ を形成できます。論理式 $P \wedge Q$ は、P と Q の
両方が真の場合にのみ真となります。次の表を参照してください。最初の
2 列は P と Q の真理値の可能性を示し、3 番目の列は対応する $P \wedge Q$ の
真理値を示します。

P	Q	$P \wedge Q$
T	T	T
T	F	F
F	T	F
F	F	F

論理和/OR

論理和（OR）の記号は ∨ で、次の表のように定義されます。

P	Q	$P \vee Q$
T	T	T
T	F	T
F	T	T
F	F	F

P、Q の両方が真の場合、$P \vee Q$ は真であることに注意してください。
これは包括的論理和と呼ばれることもある、数学で使用される論理和です。

P と Q の両方ではなく、どちらか一方が真である場合、排他的論理和は真であると定義されます。両方とも偽の場合は偽ですが、両方が真の場合も偽です。排他的論理和は、$\oplus$ で示されます。その真理値表を次に示します。

P	Q	$P \oplus Q$
T	T	F
T	F	T
F	T	T
F	F	F

　排他的論理和の記号「$\oplus$」が加算の記号「＋」に似ている理由は後で説明します。これは 2 を法とする加算に対応します。

6.2　ブール代数

　まず、2 値型の真理値表を作成する方法を示します。具体的には、$\neg(\neg P \land \neg Q)$ の真理値表を作成します。これは以下に示す手順をとります。最初に、P と Q のすべての組み合わせについて表を作ります。

P	Q
T	T
T	F
F	T
F	F

　次に、$\neg P$ および $\neg Q$ の列を追加し、適切な真理値を書き込みます。

P	Q	$\neg P$	$\neg Q$
T	T	F	F
T	F	F	T
F	T	T	F
F	F	T	T

　次に、$\neg P \land \neg Q$ の列を追加します。これは、$\neg P$ と $\neg Q$ の両方が真である場合にのみ真になります。

P	Q	¬P	¬Q	¬P ∧ ¬Q
T	T	F	F	F
T	F	F	T	F
F	T	T	F	F
F	F	T	T	T

　最後に、¬(¬P ∧ ¬Q) を列に加えます。この論理式は ¬P ∧ ¬Q が偽の場合にのみ真です。

P	Q	¬P	¬Q	¬P ∧ ¬Q	¬(¬P ∧ ¬Q)
T	T	F	F	F	T
T	F	F	T	F	T
F	T	T	F	F	T
F	F	T	T	T	F

　中間の列を省略すると、次の表が得られます。

P	Q	¬(¬P ∧ ¬Q)
T	T	T
T	F	T
F	T	T
F	F	F

論理的同等性

　¬(¬P ∧ ¬Q) の真理値表は、P ∨ Q 真理値表と同一であることに注意してください。これらはすべての場合で同じ真理値を持ちます。論理式 P ∨ Q と ¬(¬P ∧ ¬Q) は論理的に等価であるといいます。この場合は、

$$P \lor Q \equiv \neg(\neg P \land \neg Q)$$

と書きます。これは論理和を使う必要がないことを意味します。論理和を使用する場合は、¬ および ∧ を含む式で置き換えられます。

　⊕ で記述する排他的論理和はどうでしょうか。これを ¬ と ∧ を利用した式に置き換えることはできるでしょうか。⊕ の真理値表を検討してみましょう。

P	Q	$P \oplus Q$
T	T	F
T	F	T
F	T	T
F	F	F

　3 列目の T である要素を探します。1 つ目は、P の値が T で、Q の値が F の場合です。この場合 T の値を与える式は、$P \wedge \neg Q$ です。3 列目の T の、次の値は P の値が F で、Q の値が T の場合です。この場合 T の値を与える式は、$\neg P \wedge Q$ です。

　これらが 3 番目の列で T となる場所です。排他的論理和と同等の式を取得するために、今までに生成した式を $\vee$ を使用して結合します。

$$P \oplus Q \equiv (P \wedge \neg Q) \vee (\neg P \wedge Q)$$

となります。また、

$$P \vee Q \equiv \neg(\neg P \wedge \neg Q)$$

となることはすでに示したので、これを使用して $\vee$ を置き換えると、

$$P \oplus Q \equiv \neg(\neg(P \wedge \neg Q) \wedge (\neg(\neg P \wedge Q)))$$

となります。

　繰り返しますが、これは、$\oplus$ を使用する必要がないことを意味します。$\oplus$ は、$\neg$ および $\wedge$ を含む式を使用して置き換えることができます。$\neg$ と $\wedge$ を使用して $\oplus$ を置き換えるために使用する方法は、他の場合にも使えます。

論理の完全性

　ここまでで紹介した論理演算子たちは、関数として考えることができます。たとえば、$\wedge$ は、2 つの入力 P と Q を持つ関数であり、1 つの出力があります。$\neg$ には 1 つの入力と 1 つの出力があります。T と F の値を取る多数の入力を持つ独自の関数を作成でき、それぞれの場合に T または F の値が割り当てられるような関数を、ブール関数と呼びます。具体的

に P、Q、および R の 3 つの入力を持つ関数を作成してみましょう。関数 $f(P,Q,R)$ としましょう。関数を定義するには、次の表の 4 列目を定める必要があります。

P	Q	R	$f(P,Q,R)$
T	T	T	
T	T	F	
T	F	T	
T	F	F	
F	T	T	
F	T	F	
F	F	T	
F	F	F	

　8 つの値を定める必要があります。各値には 2 つの選択肢があるので合計で 2^8 通りの関数がありますが、どのような関数についても、¬ および ∧ のみを使用する論理式で表すことができます。これを示すために、先ほど使用したのと同じ方法を使います。

$$P \oplus Q \equiv (P \wedge \neg Q) \vee (\neg P \wedge Q)$$

　最後の列の T を探します。わかりやすく具体的にするため、次の表にあるような特定の関数を使います。この方法はどのようなブール関数に対しても使えます。

P	Q	R	$f(P,Q,R)$
T	T	T	F
T	T	F	F
T	F	T	T
T	F	F	F
F	T	T	F
F	T	F	T
F	F	T	F
F	F	F	T

　最初の T は、P と R の値が T で、Q の値が F の場合です。このときのみ T の値を与える関数は、$P \wedge \neg Q \wedge R$ です。

　次の T は、P と R の値が F で、Q の値が T のときです。この真理値の
ときのみに T の値を与える関数は、¬P ∧ Q ∧ ¬R です。最後の T は、P、
Q、R の値がすべて F の場合です。この真理値のみに T の値を与える関数
は、¬P ∧ ¬Q ∧ ¬R です。以上、3 つの場合に T をとる式はすべての論理
和を取ればよいので、次のようになります。

$$(P \land \neg Q \land R) \lor (\neg P \land Q \land \neg R) \lor (\neg P \land \neg Q \land \neg R)$$

したがって、

$$f(P, Q, R) \equiv (P \land \neg Q \land R) \lor (\neg P \land Q \land \neg R) \lor (\neg P \land \neg Q \land \neg R)$$

最後に ∨ を以下の式を用いて置き換えます。

$$P \lor Q \equiv \neg(\neg P \land \neg Q)$$

$f(P, Q, R)$ の最初の論理式を置き換えると、

$$f(P, Q, R) \equiv \neg(\neg(P \land \neg Q \land R) \land \neg(\neg P \land Q \land \neg R)) \lor (\neg P \land \neg Q \land \neg R)$$

　2 番目を置き換えると、$f(P, Q, R)$ は論理的に次と等しいことがわかり
ます。

$$\neg(\neg[\neg(\neg(P \land \neg Q \land R) \land \neg(\neg P \land Q \land \neg R))] \land \neg[\neg P \land \neg Q \land \neg R])$$

　この方法はどんな関数についても使えます。関数 f が真理値表によって
定義される関数である場合、どんな f と、¬ および ∧ の 2 つを組み合わ
せてブール関数を生成できるため、{¬, ∧} はブール演算子の完全系、また
は完備系であると言います。¬ と ∧ のみを使用して、真理値表で定義され
た関数を生成できるのは驚くべきことかもしれません。しかし、信じられ
ないことに、さらに改善できるのです。否定論理積 NAND という 2 項演
算子があり、ブール関数は否定論理積 NAND 演算子のみを使用する式と
論理的に等価なのです。

否定論理積/NAND

否定論理積「NAND」は、NOT と AND を組み合わせて形成されます。これは記号 ↑ を使い、次のように定義できます。

$$P \uparrow Q = \neg(P \wedge Q)$$

あるいは、これまで同様、次の真理値表によっても定義できます。

P	Q	$P \uparrow Q$
T	T	F
T	F	T
F	T	T
F	F	T

¬ と ∧ は完全系であるため、NAND 自体も完全系であることを証明すればよいでしょう。つまりブール演算子は、NAND を使用する同等の関数として書き換えられる、言い換えると、AND と NOT が NAND のみで書かれた表現と同値であることを示せばよいことになります。

次の真理値表を考えてみましょう。これは、論理式 P だけ含みます。次に $P \wedge P$、最後に $\neg(P \wedge P)$ を考えます。

P	$P \wedge P$	$\neg(P \wedge P)$
T	T	F
F	F	T

最後の列は $\neg P$ と同じ真理値を持ち、$\neg(P \wedge P) \equiv \neg P$ ですが、$\neg(P \wedge P)$ は単なる $P \uparrow P$ なので、

$$P \uparrow P \equiv \neg P$$

これは、NOT は NAND の式に置き換え可能を示しています。次に AND を考えましょう。

$$P \wedge Q \equiv \neg\neg(P \wedge Q)$$

が成立し、$\neg(P \wedge Q) \equiv P \uparrow Q$ であることから、

$$P \wedge Q \equiv \neg(P \uparrow Q)$$

と書けます。

NOT を先ほどの置き換えを使って書き直すと、

$$P \wedge Q \equiv (P \uparrow Q) \uparrow (P \uparrow Q)$$

となります。

ヘンリー・M・シェファー[6]は、1913 年に、NAND 自体が完全系であるという事実を最初に発表しました。チャールズ・サンダース・パース[7]も 19 世紀後半にこの事実を知っていましたが、非常に独創的な作品の多くと同様に、ずっと後まで未発表のままでした（シェファーは NAND に記号「|」を使用しました。以来、世の大半の著作物では、「↑」の代わりにシェファーストローク（あるいはシェファーの棒記号）と呼ばれる「|」を使用しています）。

ブール変数は、2 つの値のいずれか一方を取ります。これらには T と F を使用しましたが、2 つの記号ならば何でも使用できます。たとえば、0 と 1 を使って、T と F を 0 と 1 に置き換えれば、ブール関数をビットで動作していると捉えることができます。そこで、以降は 0、1 を使うことにしましょう。

置換を行う方法には 2 つの選択肢があります。慣例では、F を 0 に置き換え、T を 1 に置き換えます。本書ではこの慣例に従います。通常、T、F の順に書きますが、0、1 の順に書くことに注意してください。そのため、0 と 1 に関して記述された真理値表は、T と F に関して記述された真理値表の順序の逆になります。混乱はしませんが、ポイントを明確にするために、$P \vee Q$ を使った表を次に示します。

---

[6] Henry Maurice Sheffer（1882 年 — 1964 年）

[7] Charles Sanders Peirce（1839 年 — 1914 年）

P	Q	$P \vee Q$
T	T	T
T	F	T
F	T	T
F	F	F

P	Q	$P \vee Q$
0	0	0
0	1	1
1	0	1
1	1	1

6.3 ゲート

論理を代数学の手法を使って表現できれば、論理演算を実行するマシンを設計できると、多くの人に認識されていましたが、この考えに最も影響を与えたのはクロード・シャノン[8]でした。彼はブール代数のすべてが電気スイッチを使用して実行できることを示しました。これは現代のコンピュータ回路設計の根底にある基本的な考え方の1つです。驚くべきことに、シャノンがこれを示したのは、彼がまだ MIT で修士課程の学生だったころのことです。

離散的な時間間隔で、電気パルスを送信する/しない装置を考えます。適切な時間間隔で電気パルスを受け取る場合、真理値 T または同等のビット値1を表すとします。一方、電気パルスを受け取らない場合は、真理値 F または同等のビット値0を表します。

AND や OR など2つの真偽値に対する操作に対応するスイッチの組み合わせは、ゲートと呼ばれます。よく使われるゲートには回路記号があります。そのうちのいくつかを紹介しましょう。

NOT ゲート

図 6-1 は、NOT ゲートの回路記号です。これは、左から入り、右から出るワイヤと考えます。1を入力すると出力0が得られます。0を入力すると出力1が得られます。

---

[8] Claude Elwood Shannon（1916 年 — 2001 年）

図6-1：NOT ゲート

AND ゲート

図 6-2 は、AND ゲートの回路記号です。これも、左から入り、右から出るワイヤです。0 または 1 の 2 つの入力と 1 つの出力があります。図 6-3 は 4 つの場合の入出力を示しています。

図6-2：AND ゲート

図6-3：AND ゲートに対するすべての可能な入力

OR ゲート

図 6-4 は、OR ゲートの回路記号と、4 つの場合の入出力を示しています。

図6-4：OR ゲート

NAND ゲート

図 6-5 は、NAND ゲートの回路記号と 4 つの場合の入出力を示しています。

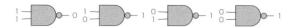

図6-5：NAND ゲート

6.4 回路

ゲートを接続すると回路を形成します。回路という名前が付いてますが、循環しているわけではありません。直線状に並んでいて、左から右に進みます。左側のワイヤにビットを入力し、右側のワイヤから出力を読み取ります。先ほど見たブール関数に対応する例を見てみましょう。

式 $\neg(\neg P \land \neg Q)$ から始めます。対応する回路は、ゲートを使って作れます。これを図 6-6 に示します。ここでは、ゲートの入出力ワイヤに適切な式のラベルを付けています。$P \lor Q \equiv \neg(\neg P \land \neg Q)$ であることを思い出してください。つまり図 6-6 の回路は OR ゲートと同等です。

図6-6：$\neg(\neg P \land \neg Q)$ 回路

次の例は、式 $P \uparrow P$ です（図 6-7）。NAND ゲートの両方の入力に同じ値 P を入力します。このためには追加のワイヤを接続して入力信号を 2 つに分割します。信号を複数のコピーに分割することを、ファンアウトと呼びます。

図6-7：$P \uparrow P$ 回路

$P \uparrow P \equiv \neg P$ であることがわかっているため、図 6–7 の回路は NOT ゲートと等価です。

最後の例は、式 $(P \uparrow Q) \uparrow (P \uparrow Q)$ です（図 6–8）。$P \uparrow Q$ の 2 つのコピーを取得するには、再びファンアウトを使用する必要があります。

$P \wedge Q \equiv (P \uparrow Q) \uparrow (P \uparrow Q)$ であるため、図 6–8 の回路は AND ゲートと同等です。

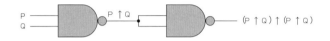

図6-8：$(P \uparrow Q) \uparrow (P \uparrow Q)$ 回路

6.5 普遍的なゲート、NAND

先ほど、ブール関数 NAND がブール関数の完全系であることを示しました。この節では、ゲートを使用して同じ議論を行います。

OR を次の恒等式を用いることで置き換えることから始めましょう。

$$P \vee Q \equiv \neg(\neg P \wedge \neg Q)$$

図 6–6 に示した、この式に対応する回路は、OR ゲートを使用する必要がないことを示しています。

先ほどの議論では、どんなブール関数も NOT および AND の組み合わせで記述することができる、という結論が出ました。したがって、NOT ゲートと AND ゲートのみを使用して、どのようなブール関数を計算する回路でも構築できます。

次に、NAND によって、NOT と AND を生成することができ、NAND 自体が完全系であることを示しました。NAND ゲートについても同様で、NAND ゲートのみを使用した回路によって、ブール関数を実装できます。（関数としての）完全系という用語を使用する代わりに、ゲートでは、普

遍的である、といいます。すなわち、NAND は普遍的なゲートです。しかし、これについては、もう少し詳しく見てみましょう。

　図 6–7 および図 6–8 の回路は、NOT ゲートと AND ゲートを、NAND ゲートに置き換える方法を示しています。ただし、ファンアウトも使用する必要があることに注意してください。この操作は 1 ビットの情報を取り、入力ビットと同じ 2 つの出力ビットを出力します。これができることは明らかなように思えるかもしれません。ワイヤを別のワイヤに接続するだけで済みますが、量子ビットに関してはこの操作を実行できないことが後でわかります。

6.6　ゲートと計算

　ゲートは、現代のコンピュータの基本的な構成要素です。論理演算の実行に加えて、計算にも使用できます。本書ではこの方法は示しません（興味のある読者は、チャールズ・ペゾルドの素晴らしい本『Code』[9]を参照してください。スイッチから始めて、コンピュータの構築方法を示しています）。

　簡単な例として、加算を実装する方法を説明します。$\oplus$ で示される排他的論理和を思い出してください。これは以下のように定義しました。

$$0 \oplus 0 = 0 \qquad 0 \oplus 1 = 1 \qquad 1 \oplus 0 = 1 \qquad 1 \oplus 1 = 0$$

これを奇数と偶数の整数を加えることと比較します。

偶数＋偶数＝偶数　　偶数＋奇数＝奇数

奇数＋偶数＝奇数　　奇数＋奇数＝偶数

　この「奇数」と「偶数」の加算は、2 を法とする加算と呼ばれます。0 を「偶数」1 を「奇数」とすると、2 を法とする加算は $\oplus$ で与えられます。これが、記号にプラス記号が含まれている理由です（多くの場合、$\oplus$ は排

9　『CODE コードから見たコンピュータのからくり』著：Charles Petzold、訳：永山操、刊：日経 BP ソフトプレス（2003 年 4 月 10 日）

他的論理和と考えるより普通の加算と思って計算したほうが簡単です）。

　排他的論理和ゲートは XOR ゲートと呼ばれ、図 6–9 に示す記号で示されます。

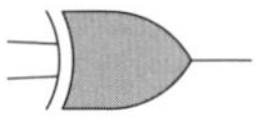

図6-9：XOR ゲート

　このゲートを使用して、半加算器と呼ばれるものを構築します。これは 2 桁の 2 進数の加算を行う回路です。

　10 進数の半加算器と比較します。合計が 10 未満になる 2 桁がある場合は、それらを加えるだけです。したがって、たとえば、$2+4=6$、$3+5=8$ です。ただし、数字の合計が 10 を超える場合は、一桁だけ結果が得られますが、計算の次のステップで繰り上がりがあることを覚えておく必要があります。たとえば $7+5=2$ で、繰り上がりは 1 です。

　2 進数の半加算器は同様の計算を行います。これは XOR ゲートと AND ゲートを使用して構築できます。XOR ゲートは桁部分を計算し、AND ゲートは繰り上がりを計算します。

$$0+0=0、繰り上がり = 0$$

$$0+1=1、繰り上がり = 0$$

$$1+0=1、繰り上がり = 0$$

$$1+1=0、繰り上がり = 1$$

　これを実行する回路は図 6–10 のようになります（この図では、点があるワイヤの交差はファンアウト操作を示しています。点のない交差は、接続されていないことを意味します）。

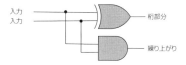

図6-10：半加算器回路

　これが単なる加算器ではなく、半加算器と呼ばれる理由は、前のステップから繰り上がりが入る可能性を考慮していないためです。次の10進数からなる4桁の数字を加算する場合を考えてみましょう。「★」は未知の数字を表します。

$$
\begin{array}{r}
\star\star6\star \\
+\quad\star\star5\star \\
\hline
\end{array}
$$

　6と5の加算を行うと、1桁の結果と繰り上がりのありなし、を得ます。しかし、一の位の桁からの繰り上がりがあった場合、2桁の結果と繰り上がりのありなし、という結果を得るはずです。全加算器は、前のステップからの繰り上がり入る可能性を考慮します。完全な2進数加算器の回路は載せませんが、行うことはできます。すべてのゲートをNANDゲートに置き換えることができるため、加算器はNANDゲートとファンアウトを使用して作れます。実際、これら2つの回路を使用するだけでコンピュータ全体を構築できます。

6.7　メモリ

　ここまで論理にゲートを使用する方法を示し、ゲートを使用して算術を行う方法を示しましたが、コンピュータを構築するには、データを保存する必要があります。これは、ゲートを使用して行うこともできます。これを行う方法を詳細に説明すると、あまりにこの本の主題から離れてしまい

ますが、重要なアイデアはフリップフロップ[10]を構築することです。これ
らは、フィードバックを使用してゲートから構築できます。ゲートの出力
は入力にフィードバックされます。2つの NAND ゲートを使用した例を図
6-11 に示します。これらの実装方法については説明しませんが、フィー
ドバックを開始したら、入力と出力のタイミングを正確に合わせることが
重要である、と指摘するだけにとどめておきます。これには、一定の時間
間隔で電気のパルスを送信するクロックを入れます。

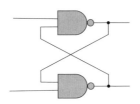

図6-11：2 つの NAND ゲートを使用したフリップフロップ

6.8　可逆ゲート

　コンピュータを古典的なゲートからどのように構築できるかについて学
習したので、次は可逆ゲートを取り上げます。

　ゲートはブール関数と見なすことができます。たとえば、AND ゲート
は2つの0または1の入力を受け取り、0または1を1つ出力します。こ
れを表す最も簡単な方法は表を使用することです。この表は、真理値表と
呼んでいるものとまったく同じです。

AND		
入力		出力
0	0	0
0	1	0
1	0	0
1	1	1

---

[10]　1 ビットの情報を一時的に 0 か 1 の状態で保持できる論理回路のこと。

半加算器を表で表すこともできます。今回は、2 つの入力と 2 つの出力があります。

半加算器

入力		出力	
		桁部分	繰り上がり
0	0	0	0
0	1	1	0
1	0	1	0
1	1	0	1

この節で扱う可逆ゲートは、可逆関数に対応しています。あらゆる場合において、出力に対して何が入力されたかを判断できれば、関数は可逆、つまりゲートは可逆的です。

AND ゲートを思い出してください。出力が 1 だった場合、入力は両方とも 1 でなければなりません。しかし、出力が 0 だった場合、この結果となる入力は 3 組あります。他の情報が与えられていなければ、どの組が実際に入力されたかを知る方法はありません。したがって、AND ゲートは可逆ゲートではありません。

半加算器も可逆的ではありません。1 桁の数字と繰り上がりを与える 2 組の入力が必要です。出力値が 1、繰り上がりが 0 となるのは 2 通りあります。この 2 通りの場合、入力は 2 ビットですが、出力は 2 ビットではありません。計算中に情報が失われたのです。

可逆ゲートと可逆計算の研究は、熱力学を調べることから始まりました。シャノンは情報のエントロピーを定義しました。これは熱力学でも定義されています。実際、シャノンは熱力学からアイデアを得ました。これら 2 つのエントロピーはどのような関連性があるでしょうか。関連があれば、計算理論の一部を熱力学の観点から導けるのではないでしょうか。特に、計算の実行に必要なエネルギーの最小値を議論できるでしょうか。ジョン・フォン・ノイマン[11]は、情報が失われるとエネルギーが消費され、熱とし

---

[11]　John von Neumann（1903 年 — 1957 年）

て散逸すると推測しました。ロルフ・ランダウアー[12]は結果を証明し、1
ビットの情報を消去するために最小限のエネルギー量を与えました。この
エネルギー量は、ランダウアー限界と呼ばれます。

　ただし、計算が可逆的である場合、情報は失われず、理論的にはエネル
ギー損失なしで実行できます。では、CNOT、トフォリ、フレドキンの 3
つの可逆ゲートを見ていきます。

CNOT ゲート

　CNOT ゲートまたは制御 NOT ゲートは 2 つの入力を取り、2 つ出力し
ます。最初の入力は制御ビットと呼ばれます。制御ビットが 0 の場合、2
番目のビットはそのまま出力されますが、制御ビットが 1 の場合、2 番
目のビットに対しては NOT ゲートのように機能します。制御ビットは最
初の入力ビットであり、x とします。このビットは変更されず、そのまま
出力されます。2 番目の出力は、制御ビットが 0 の場合は 2 番目の入力
に等しくなりますが、制御ビットが 1 の場合は反転します。この関数は、
$f(x, y) = (x, x \oplus y)$ または、次の表で与えられます。

CNOT

入力		出力	
x	y	x	$x \oplus y$
0	0	0	0
0	1	0	1
1	0	1	1
1	1	1	0

　この操作は可逆的であることに注意してください。出力値の任意のペア
を指定すると、それに対応する入力値のペアがただ 1 つあります。ファン
アウトと XOR ゲートを使用して、この操作を実行する回路を構築できま
す。これを図 6–12 に示します。

---

[12] Rolf William Landauer（1927 年 — 1999 年）

図6-12：CNOT 回路

ただし、これは一般的に使用される図ではありません。通常の図は、図 6-13 に示したような簡略版です。

図6-13：一般的に使用される CNOT ゲート

CNOT ゲートは単に可逆であるだけでなく、自分自身もその逆であるという著しい特性も備えています。つまり、最初のゲートの出力が 2 番目のゲートの入力になる 2 つの CNOT ゲートを直列に配置すると、2 番目のゲートからの出力は最初のゲートへの入力と同じになります。2 番目のゲートは、最初のゲートの動作を取り消します。実際、CNOT ゲートを 1 回適用して、

$$f(x, y) = (x, x \oplus y)$$

を得たあと、出力を別の CNOT ゲートの入力として使用すると、

$$f(x, x \oplus y) = (x, x \oplus x \oplus y) = (x, y)$$

となります。ここでは、$x \oplus x = 0$ および $0 \oplus y = y$ という事実を使用しました。入力 (x, y) について、CNOT ゲートを 2 回通した後の出力は (x, y) となり、元に戻ります。

トフォリゲート

トマソ・トフォリ[13]によって発明されたトフォリゲートには、3 つの入力と 3 つの出力があります。最初の 2 つの入力は制御ビットです。両方とも 1 の場合、3 番目のビットを反転します。それ以外の場合、3 番目のビットは同じままです。このゲートは CNOT ゲートに似ていますが、2 つの制御ビットがあるため、CCNOT ゲートとも呼ばれます。このゲートは関数 $T(x, y, z) = (x, y, (x \wedge y) \oplus z)$ によって定義されます。これを表にすると、以下のようになります。

トフォリゲート

入力			出力		
x	y	z	x	y	$(x \wedge y) \oplus z$
0	0	0	0	0	0
0	0	1	0	0	1
0	1	0	0	1	0
0	1	1	0	1	1
1	0	0	1	0	0
1	0	1	1	0	1
1	1	0	1	1	1
1	1	1	1	1	0

このゲートの標準的な図は、CNOT ゲートの図に基づいています（図 6-14）。

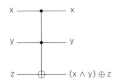

図6-14：トフォリゲート

表から、トフォリゲートは可逆的であることがわかります。出力値である 3 組の出力は、入力値のちょうど 3 組の 1 つに対応しています。CNOT

---

[13]　Tommaso Toffoli（1943 年 —）

ゲートのようにトフォリゲートは、それ自体が逆であるという特性もあります。

$T(x, y, z) = (x, y, (x \wedge y) \oplus z)$ から、出力を新しい入力として使用し、T を再度適用すると、次のようになります。

$$T(x, y, (x \wedge y) \oplus z) = (x, y, (x \wedge y) \oplus (x \wedge y) \oplus z) = (x, y, z)$$

ここでは、$(x \wedge y) \oplus (x \wedge y) = 0$ および $0 \oplus z = z$ を使いました。

トフォリゲートも普遍的です。NAND ゲートとファンアウトだけを使用してどんなブール回路も作ることができました。トフォリゲートが普遍的であることを示すには、これらの両方を計算する方法を示せば十分です。

NAND ゲートは $f(x, y) = \neg(x \wedge y)$ で記述されるため、x と y を入力して $\neg(x \wedge y)$ を得ることが必要です。トフォリゲートを使用しているため、3 つの値を入力し、3 つの値の出力を取得します。これで、$\neg(x \wedge y)$ は論理的に $(x \wedge y) \oplus 1$ と同等です。3 番目の入力値を常に 1 に選択でき、余分な出力値は無視します。

さて、

$$T(x, y, 1) = (x, y, (x \wedge y) \oplus 1) = (x, y, \neg(x \wedge y))$$

を使うと、x と y を入力し、3 番目の出力を読み取ることにより、NAND ゲートを作ることができます。

ファンアウトにも同様のアイデアを使用できます。1 つの値 x のみを入力し、両方が x である 2 つの出力を受け取ります。繰り返しますが、トフォリゲートには 3 つの入力と 3 つの出力があります。固定する x 以外の他の 2 つの入力を選択できるので、2 つの出力に対して x が得られる限り、3 番目の入力は無視できます。つまり、次のようにすればよいことがわかります。

$$T(x, 1, 0) = (x, 1, x)$$

これでトフォリゲートのみを使用して、どんなブール回路も構築できることがわかりました。

　このような回路は、可逆ゲートを使用するときによく現れます。入力の数は出力の数と等しくなければなりませんが、多くの場合、入力と出力の数が異なるものを計算する必要があります。これを行うには、補助ビットと呼ばれる、余分なビットを入力に追加するか、出力されるビットを無視します。無視される出力ビットは、ごみビットと呼ばれることもあります。トフォリゲートを使用してファンアウトを実行できることを示した例を用いると、$T(x, 1, 0) = (x, 1, x)$ より、入力の 1 と 0 は補助ビットで、出力の 1 はごみビットです。

フレドキンゲート

　フレドキンゲートには、3 つの入力と 3 つの出力があります。最初の入力は制御ビットです。これが 0 の場合、2 番目と 3 番目の入力は変更されません。制御ビットが 1 の場合、2 番目と 3 番目の入力を交換します。2 番目の出力は 3 番目の入力で、3 番目の出力は 2 番目の入力です。このゲートは次の式によって定義されます。

$$F(0, y, z) = (0, y, z) \quad F(1, y, z) = (1, z, y)$$

　表にすると次のようになります。

フレドキンゲート

入力			出力		
x	y	z	x		
0	0	0	0	0	0
0	0	1	0	0	1
0	1	0	0	1	0
0	1	1	0	1	1
1	0	0	1	0	0
1	0	1	1	1	0
1	1	0	1	0	1
1	1	1	1	1	1

　表から、フレドキンゲートは可逆であり、CNOT ゲートとトフォリゲートの両方と同様に、それ自体が逆であることがわかります。表には、各入

力の 1 の数が、出力の 1 の数に等しいという性質もあります。後でビリ
ヤードボールを使用してフレドキンゲートを構築するときに、この事実を
利用します（ビリヤードボールゲートを構築する場合、入るボールの数と
出て行くボールの数を等しくしたいのです）。図 6–15 にこのゲートの図を
示します。

図6-15：フレドキンゲート

$F(0,0,1) = (0,0,1)$ および $F(1,0,1) = (1,1,0)$ であることに注意する
と、x の値によらず、

$$F(x,0,1) = (x,x,\neg x)$$

であることがわかります。ファンアウトと NOT の両方にフレドキンゲー
トを使用できることがわかります。ファンアウトについては、$\neg x$ をごみ
ビットと考えています。NOT については、両方の $\neg x$ をごみビットと考え
ます。z を 0 にすると、次のようになります。

$$F(0,0,0) = (0,0,0) \qquad\qquad F(0,1,0) = (0,1,0)$$
$$F(1,0,0) = (1,0,0) \qquad\qquad F(1,1,0) = (1,0,1)$$

この式はもっと簡潔に書くことができます。

$$F(x,y,0) = (x, \neg x \wedge y, x \wedge y)$$

これは、フレドキンゲートを使用して AND ゲートを構築できることを示
しています（0 は補助ビットであり、x と $\neg x \wedge y$ はごみビットです）。

NOT および AND ゲートとファンアウトを使用してブール回路を構築
できるため、フレドキンゲートは、トフォリゲートのように、普遍的です。

フレドキンゲートは、

$$F(0, y, z) = (0, y, z) \quad F(1, y, z) = (1, z, y)$$

と定義できますが、別の同等の定義を見てみましょう。

このゲートは 3 つの値を出力します。最初の出力は常に最初の入力 x と等しくなります。$x = 0$ および $y = 1$ の場合、または $x = 1$ および $z = 1$ の場合、2 番目の値は 1 になります。これは $(\neg x \wedge y) \vee (x \wedge z)$ で表すことができます。3 番目の出力は $x = 0$ および $z = 1$ の場合、または $x = 1$ および $y = 1$ の場合、1 になります。これは $(\neg x \wedge z) \vee (x \wedge y)$ として表すことができます。したがって、このゲートは次のように定義できます。

$$F(x, y, z) = (x, (\neg x \wedge y) \vee (x \wedge z), (\neg x \wedge z) \vee (x \wedge y))$$

なんだかすごいことになってきました。また、$x = 0$ の場合 y と z の両方が変更されないこと、$x = 1$ の場合、y と z が入れ替わることに比べると、とても複雑に見えます。ただし、この複雑な数式が役立つ場所もあります。次の節では、ビリヤードボールを使用してこのゲートを構築する方法を示します。

6.9 ビリヤードボールコンピューティング

ここまでで、実際にゲートを構築する方法については説明していません。スイッチとワイヤを使い、電位の有無でビット 1 および 0 を表すことができれば、どんなゲートでも作れます。

実際、フレドキンは、互いに跳ね返るビリヤードボールと、適切に配置された鏡を使用して構築できることも示しました。鏡は、ボールが跳ね返る硬い壁です（入射角が反射角に等しいため、鏡と呼びます）。ビリヤードボールゲートは理論上のデバイスです。すべての衝突は完全に弾性的であり、エネルギーが失われないと想定されています。スイッチゲートと呼ばれる単純なゲートの例を図 6–16 に示します。この図では、太線は壁を表

しています。グリッド線は、ボールの中心を追跡するために描画されます。

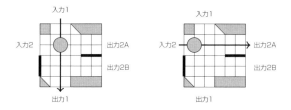

図6–16：ビリヤードボールスイッチゲート

　図の左側は、入力1からボールが入ったところです。入力2にボールを入れていないので、ボールは妨げられずに転がり、出力1から出ます。図の右側は、入力2からボールを入れ、入力1からはボールを入れないことを表します。ボールは転がり、妨げるものもなく、出力2Aから出てきます。

　2つの入力からボールを入れるには、他に2つの方法があります。当然のことながら、ボールを入れなければ、ボールは出てきません。最後の複雑なケースは、ボールを両方から入れる場合です。仮定として、ボールは同じサイズ・質量・速度を持ち、同時に投入されることです。図6–17は、何が起こるかを示しています。

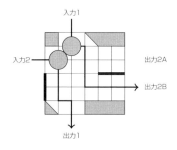

図6–17：スイッチゲートにボールを2つ入れる

　まず、ボールが互いに衝突し、次に両方のボールが斜めの壁（または鏡）

で跳ね返り、次に再び衝突します。最後に外に出ます。1 つは出力 1、もう
1 つは出力 2B です（ボールの中心の動きは太い矢印で示されています）。

　ボールがある場合を 1、ない場合を 0 で示すことができるので、このゲー
トを表にまとめてみましょう。

スイッチゲート

入力		出力		
1	2	1	2A	2B
0	0	0	0	0
0	1	0	1	0
1	0	1	0	0
1	1	1	0	1

　x、y、それに論理式 $\neg x \wedge y$ と $x \wedge y$ を使用して、同じ真偽値の表を作る
ことができます。

x	y	x	$\neg x \wedge y$	$x \wedge y$
0	0	0	0	0
0	1	0	1	0
1	0	1	0	0
1	1	1	0	1

　これにより、図 6-18 に示すように、入力と出力が適切にラベル付けさ
れたブラックボックスとしてスイッチゲートを描くことができます。

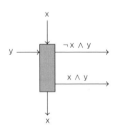

図6-18：入力と出力を書いたスイッチゲート

　この図は、ボールがゲートに出入りする場所を示しています。ボールが
x から入った場合、ボールは x から出なければなりません。ボールが y か

ら入る場合、x からボールが入らない場合は、ボールは $\neg x \wedge y$ から出て行き、x からもボールが入る場合は $x \wedge y$ 経由で出ます。

この時点で、2つのボールが入った場合、ボールが切り替わることを変に思うかもしれません。x から出たボールは y から入ったボールであり、$x \wedge y$ から出たボールは、x から入ったボールです。しかし、これは問題ではありません。ボールは見分けがつかないと考え、ボールがどこから来たのかではなく、ボールがどこにあるかを追跡します。

図 6–19 に示すように、ゲートを逆にすることもできます。これは少し慎重に解釈する必要があります。ボールが $\neg x \wedge y$ から入った場合、x から入ったボールはないので、ボールは直接 y から出てきます。ボールが $x \wedge y$ から入った場合、x から入ったボールが存在するため、ボールは衝突します。1つのボールがゲートの上部から出て、もう1つのボールが左側から出ます。これは、ボールが $\neg x \wedge y$ または $x \wedge y$ の場合、左の出力から出るので、この出力を $(\neg x \wedge y) \vee (x \wedge y)$ とすることができます。ただし、$(\neg x \wedge y) \vee (x \wedge y)$ は論理的に y と同等です。つまり、ゲートを逆にすると矢印は逆になりますが、すべてのラベルは同じままになります。

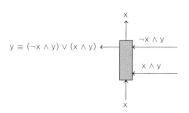

図6–19：入力と出力を入れ替えたスイッチゲート

やっとフレドキンゲートをつくるところに来ました。

$$F(x,y,z) = (x, (\neg x \wedge y) \vee (x \wedge z), (\neg x \wedge z) \vee (x \wedge y))$$

であったことを思い出してください。x、y、z を入力し、x、$(\neg x \wedge y) \vee (x \wedge z)$ および $(\neg x \wedge z) \vee (x \wedge y)$ を出力する装置が必要です。

これは、4つのスイッチゲートと多くの工夫で実現できます（図6-20）。

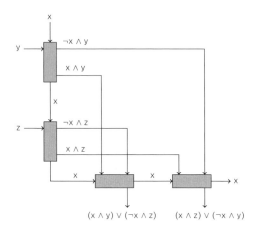

図6-20：スイッチゲートで作ったフレドキンゲート

　この図では、経路の直角は、斜めに配置された鏡を跳ね返すことによって得られます。他の相互作用はスイッチゲートでのみ発生します。交差するパスは衝突を示しません。ボールは異なる時点で交差点を通過します。ボールが衝突すべきでないところで衝突せず、また衝突すべき場所で衝突するようにするのに、鏡を使用して経路に少し回り道を追加することで、常に経路に遅延を追加できます。たとえば、直線経路を図6-21に示すような経路に変更することで、少し遅延を追加できます。

図6-21：経路に遅延を追加した回路

　適切な場所に鏡を置き、遅延を追加することにより、ゲートが構築され、出力が入力と整列し、つまり、同時にボールが入ると同時に出て行くようにできます（図6-22）。その後、複数のフレドキンゲートを含む回路を形成できます。フレドキンゲートは普遍的であるため、任意のブール回路を

作れます。その結果、ビリヤードボールと鏡だけを使用して、ブール回路
を構築できます。

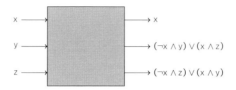

図6-22：回路として使われるビリヤードボールによるフレドキンゲート

　フレドキンは、宇宙はコンピュータだと信じています。ファインマンを
納得させることはできませんでしたが、ビリヤードボールコンピュータは
ファインマンに感銘を与えました。2人が気付いたように、ボールの位置
や速度にわずかな誤差があると、誤差が伝播し、増幅されます。衝突が完
全に弾性になることはありません。常に摩擦があり、熱として失われます。
ビリヤードボールコンピュータは明らかに理論上のマシンであり、実際に
構築できるものではありません。しかし、このマシンは原子が互いに跳ね
返るイメージを想起させ、ファインマンは古典力学ではなく量子力学に基
づいたゲートを考慮するようになりました。第7章ではこのアイデアを見
ていきます。

第 7 章
量子ゲートと回路

　量子ゲートと量子回路は、古典的なゲートおよび回路の両方の自然な拡張です。アリスからボブに量子ビットを送信する別の考え方を、量子ゲートと回路を用いて説明できます。

　私は列車で通勤しています。私が乗っている列車は静止しており、別の列車も私の窓からほんの少し離れたところで停止していることがあります。列車がゆっくり移動します。すると移動しているのは自分が乗っている列車なのか他の列車なのか後ろを向いて窓の外を見ないとわからないことがあります。つまり私の乗っている列車が少しずつ前方に進んでいるのか、または、逆方向の列車が少しずつ進んでいるのか。どちらとも考えられます。

　同じことはボブが行う測定にも考えられます。ボブが測定装置を回転させると考えるか、ボブの測定装置はアリスと同じ方向に保たれているものの、アリスからボブへ移動する量子ビットが回転すると考えるか、です。

　アリスとボブが離れている場合、ボブの測定装置が回転していると考えるのが理にかなっています。しかし、自分自身に量子ビットを送ることを考えてみましょう。量子ビットが移動中に測定装置を回転させると考えることもできますが、測定装置は固定され、量子ビットが回転すると考える方が自然です。回転は、送信されてから測定されるまでの間に起こると考えられます。量子ゲートを介して量子ビットを送信すると、この回転が見られます。以前、量子ビットを測定する方向を選ぶことは、直交行列を選

ぶことと対応すると述べました。ここで、測定方向は固定されていると考え、直交行列は量子ビットが通過するゲートに対応していると考えます。例を見る前に、基底ケットに新しい名前を付けます。

7.1　量子ビット

　測定装置は固定されているという前提から、量子ビットの送信と取得の両方には、順序付き基底のみを 1 つだけ使用する必要があります。標準基底 $\left(\begin{bmatrix} 1 \\ 0 \end{bmatrix}, \begin{bmatrix} 0 \\ 1 \end{bmatrix} \right)$ を選択するのが自然です。以前、これを $(|\uparrow\rangle, |\downarrow\rangle)$ と表現していました。しかし、順序付き基底の最初のベクトルを古典ビット 0、2 番目のベクトルを古典ビット 1 とも見なしました。ここではこの基底のみを使用するので、ビットとの関係を反映した新しい名前をケットに付けます。つまり、$|0\rangle$ は $\begin{bmatrix} 1 \\ 0 \end{bmatrix}$ を、$|1\rangle$ は $\begin{bmatrix} 0 \\ 1 \end{bmatrix}$ を、それぞれ示すことにします。

　一般に、量子ビットは $a_0|0\rangle + a_1|1\rangle$ で、$a_0^2 + a_1^2 = 1$ の形式を持ちます。測定すると、状態が $|0\rangle$ にジャンプして 0 を得るか、状態が $|1\rangle$ にジャンプして 1 を得ます。最初は確率 a_0^2 で、2 番目は確率 a_1^2 です。

　通常、量子回路は複数の量子ビットを持ちますから、テンソル積を形成する必要があります。2 つの量子ビットを持つ系の場合、順序付き基底は次のようになります。

$$\left(\begin{bmatrix} 1 \\ 0 \end{bmatrix} \otimes \begin{bmatrix} 1 \\ 0 \end{bmatrix}, \ \begin{bmatrix} 1 \\ 0 \end{bmatrix} \otimes \begin{bmatrix} 0 \\ 1 \end{bmatrix}, \ \begin{bmatrix} 0 \\ 1 \end{bmatrix} \otimes \begin{bmatrix} 1 \\ 0 \end{bmatrix}, \ \begin{bmatrix} 0 \\ 1 \end{bmatrix} \otimes \begin{bmatrix} 0 \\ 1 \end{bmatrix} \right)$$

これは $(|0\rangle \otimes |0\rangle, \ |0\rangle \otimes |1\rangle, \ |1\rangle \otimes |0\rangle, \ |1\rangle \otimes |1\rangle)$ と書けます。前述したように、多くの場合、テンソル積記号は省略できます。したがって、テンソル積はさらに簡潔に $(|0\rangle|0\rangle, \ |0\rangle|1\rangle, \ |1\rangle|0\rangle, \ |1\rangle|1\rangle)$ と記述できます。また、$|a\rangle|b\rangle$ は $|ab\rangle$ と書けるので、$(|00\rangle, \ |01\rangle, \ |10\rangle, \ |11\rangle)$ と表現できます。これをどのように量子ゲートに関連付けるかを考えましょう。まずは CNOT

ゲートの再検討から始めます。

7.2 CNOT ゲート

これまで見てきた通り、古典的な CNOT ゲートは 2 つのビットを入力し、2 つのビットを出力します。これを表にすると以下のようになります。

CNOT

入力		出力	
x	y	x	$x \oplus y$
0	0	0	0
0	1	0	1
1	0	1	1
1	1	1	0

これを量子ビットに拡張します。0 を $|0\rangle$ に、1 を $|1\rangle$ に置き換えると、表は次のようになります。

CNOT

入力		出力	
x	y	x	$x \oplus y$
$|0\rangle$	$|0\rangle$	$|0\rangle$	$|0\rangle$
$|0\rangle$	$|1\rangle$	$|0\rangle$	$|1\rangle$
$|1\rangle$	$|0\rangle$	$|1\rangle$	$|1\rangle$
$|1\rangle$	$|1\rangle$	$|1\rangle$	$|0\rangle$

さらにテンソル積のコンパクトな表記法を使用して、より簡潔に記述しましょう。

CNOT

入力	出力
$|00\rangle$	$|00\rangle$
$|01\rangle$	$|01\rangle$
$|10\rangle$	$|11\rangle$
$|11\rangle$	$|10\rangle$

この表は基底ベクトルがどう変換されるかを示しています。基底ベクト

ルの線形結合に適用してみましょう。

$$\mathrm{CNOT}(r|00\rangle + s|01\rangle + t|10\rangle + u|11\rangle) = r|00\rangle + s|01\rangle + u|10\rangle + t|11\rangle$$

これは、$|10\rangle$ と $|11\rangle$ の確率振幅を反転させただけです。

前に使用した CNOT ゲート（図 7-1）を使用しますが、解釈には注意が必要です。古典的なビットの場合、左側の上部のワイヤから入るビットは、回路を通って右側の上部のワイヤに達したとき、変化しません。最上位の量子ビットが 0 または 1 の場合、これは量子ビットについても当てはまりますが、他の場合については当てはまりません。

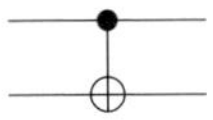

図7-1：CNOT ゲート

たとえば、$\frac{1}{\sqrt{2}}|0\rangle + \frac{1}{\sqrt{2}}|1\rangle$ を上位量子ビット、$|0\rangle$ を下位量子ビットとしてみましょう。

この入力は $\left(\frac{1}{\sqrt{2}}|0\rangle + \frac{1}{\sqrt{2}}|1\rangle\right) \otimes |0\rangle = \frac{1}{\sqrt{2}}|00\rangle + \frac{1}{\sqrt{2}}|10\rangle$ と書けます。これは、CNOT ゲートによって $\frac{1}{\sqrt{2}}|00\rangle + \frac{1}{\sqrt{2}}|11\rangle$ に変わります。

EPR 実験からわかるように、この状態はもつれた状態です。そのため、右側の上部と下部のワイヤに個々の状態を割り当てることはできません。そこで、図 7-2 のように表現します。

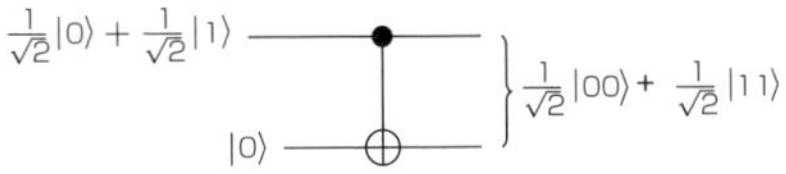

$$\frac{1}{\sqrt{2}}|0\rangle + \frac{1}{\sqrt{2}}|1\rangle \quad\longrightarrow\quad \left.\right\} \frac{1}{\sqrt{2}}|00\rangle + \frac{1}{\sqrt{2}}|11\rangle$$
$$|0\rangle \quad\longrightarrow\quad$$

図7-2：もつれた状態を表現した回路

ワイヤは電子または光子を表します。これらは別個のものであり、遠く離れている場合があります。私たちはしばしば上位量子ビットと下位量子ビットについて議論しますが、それらは遠く離れていると考えます。ただ

し、それらがもつれると、一方の測定が他方の状態に影響することに注意してください。

CNOT ゲートを使用することで、入力したもつれのない 2 つの量子ビットをもつれさせることができるので、例にあげたゲートは、今後頻繁に使用することになります。

7.3 量子ゲート

CNOT ゲートが基底ベクトルを並べ替えていることに注意してください。順序付き正規直交基底で基底ベクトルを並べ替えると、別の順序付き正規直交基底が得られます。このように、任意の順序付き正規直交基底に直交行列が対応します。また、確かに CNOT ゲートに対応する行列は直交行列です。実際、第 6 章で紹介した各種ゲートはすべて基底ベクトルを置換し、直交行列に対応しています。

これにより、量子ゲートの定義が得られます。量子ゲートは直交行列で記述できる操作です。

古典的な計算と同じように、簡単なゲートをいくつか集め、組み立てて、それらを接続して回路を形成できます。まず最も単純なゲート、つまり 1 つの量子ビットのみに作用するゲートに注目します。

7.4 1 つの量子ビットに作用する量子ゲート

古典的な可逆計算では、1 ビットに作用するブール演算子は 2 つしかありません。ビットを変更しない恒等演算子と、0 と 1 の値を反転する NOT です。量子ビットには、無限に多くのゲートがあります。

まず、古典的な恒等演算子に対応し、量子ビット $|0\rangle$ および $|1\rangle$ を変更しない 2 つの量子ゲートを調べます。次に、量子ビット $|0\rangle$ と $|1\rangle$ の反転に対応する 2 つの量子ゲートを調べます。これらの 4 つのゲートは、ウォ

ルフガング・パウリ[1]にちなんでパウリゲートと呼ばれます。

I ゲート、Z ゲート

I ゲートは単位行列 $\begin{bmatrix} 1 & 0 \\ 0 & 1 \end{bmatrix}$ です。任意の量子ビット $a_0|0\rangle + a_1|1\rangle$ にどのように作用するかを見てみましょう。

$$I\left(a_0|0\rangle + a_1|1\rangle\right) = \begin{bmatrix} 1 & 0 \\ 0 & 1 \end{bmatrix} \begin{bmatrix} a_0 \\ a_1 \end{bmatrix} = \begin{bmatrix} a_0 \\ a_1 \end{bmatrix} = a_0|0\rangle + a_1|1\rangle$$

当然のことながら、I ゲートは恒等演算子として機能し、量子ビットをまったく変更しません。

Z ゲートは、行列 $\begin{bmatrix} 1 & 0 \\ 0 & -1 \end{bmatrix}$ で定義されます。Z ゲートが任意の量子ビット $a_0|0\rangle + a_1|1\rangle$ にどのように作用するかを見てみましょう。

$$Z\left(a_0|0\rangle + a_1|1\rangle\right) = \begin{bmatrix} 1 & 0 \\ 0 & -1 \end{bmatrix} \begin{bmatrix} a_0 \\ a_1 \end{bmatrix} = \begin{bmatrix} a_0 \\ -a_1 \end{bmatrix} = a_0|0\rangle - a_1|1\rangle$$

Z による変換は、$|0\rangle$ の確率振幅には作用せず、$|1\rangle$ の確率振幅の符号を反転させます。もう少し Z ゲートが何をするか見てみましょう。

まず、基底ベクトルにどのように作用するかを見ていきます。$Z(|0\rangle) = |0\rangle$ および $Z(|1\rangle) = -|1\rangle$ です。ただし、状態ベクトルは、その状態ベクトルに -1 を掛けたものに等しいことを思い出してください。したがって、$-|1\rangle$ は $|1\rangle$ に相当します。その結果、Z は両方の基底ベクトルをそのまま保ちますが、同一ではありません。しかし Z を量子ビット $\frac{1}{\sqrt{2}}|0\rangle + \frac{1}{\sqrt{2}}|1\rangle$ に作用させると、$\frac{1}{\sqrt{2}}|0\rangle - \frac{1}{\sqrt{2}}|1\rangle$ を得ます。前に示したとおり、$\frac{1}{\sqrt{2}}|0\rangle + \frac{1}{\sqrt{2}}|1\rangle$ は、$\frac{1}{\sqrt{2}}|0\rangle - \frac{1}{\sqrt{2}}|1\rangle$ と区別することができます。この 2 つの量子ビットは等しくありません。

Z による変換は両方の基底ベクトルをそのままにしますが、一方の量子

---

[1] Wolfgang Ernst Pauli（1900 年 — 1958 年）

ビットを変更します。確率振幅の符号を変更するこの操作は、量子ビット
の「相対位相の変更」と呼ばれることもあります。

Xゲート、Yゲート

Xゲートと Yゲートは次のように与えられます[2]。

$$
X = \begin{bmatrix} 0 & 1 \\ 1 & 0 \end{bmatrix} 、 \quad Y = \begin{bmatrix} 0 & 1 \\ -1 & 0 \end{bmatrix}
$$

$|0\rangle$ と $|1\rangle$ を交換するという点で、どちらも NOT に対応します。X ゲー
トは反転するだけですが、Y ゲートは反転して相対位相を変更します。

アダマールゲート

最後に、1ビットに作用する最重要なゲート、H（アダマール）ゲートを
紹介します。このゲートは、次のように定義されています。

$$
H = \begin{bmatrix} \frac{1}{\sqrt{2}} & \frac{1}{\sqrt{2}} \\ \frac{1}{\sqrt{2}} & -\frac{1}{\sqrt{2}} \end{bmatrix} = \frac{1}{\sqrt{2}} \begin{bmatrix} 1 & 1 \\ 1 & -1 \end{bmatrix}
$$

このゲートは標準基底ベクトルを重ね合わせ状態するために使われると
きがあります。

$$
H(|0\rangle) = \frac{1}{\sqrt{2}}(|0\rangle + |1\rangle)、 \quad H(|1\rangle) = \frac{1}{\sqrt{2}}(|0\rangle - |1\rangle)
$$

量子ゲートを図に書くときは、図7-3のように、正方形を書いてその中
に「H」など適切な文字を入れます。

図7-3：量子ゲートの例

---

[2]　本来、行列 Y の定義には、ここで用いたものに $-i$ を掛けたものを用いたいのですが、
本書では複素数を使わない方針からこうなりました。今回の Y ゲートの定義を使うと、超
高密度符号化と量子テレポーテーションを考えるとき、少しだけ定式化が簡単になります。

1 つの量子ビットにのみ作用する 5 つの量子ゲートに名前を付けました。ゲートは無限にあります。あらゆる量子ビットに対する回転は直交行列が対応し、これらは無限に多くあります。直交行列はすべてゲートと見なすことができます。

7.5 完全な量子ゲートは存在するか

古典計算では、すべてのブール関数はフレドキンゲートのみを使用する回路によってつくることができるので、フレドキンゲートは完全であることがわかりました。また、NAND はファンアウトを加えれば完全であることがわかりました。では、完全な量子ゲートは存在するでしょうか。

古典計算では、変数の数が指定されたブール関数はたかだか有限個しかありません。変数が 1 つブール関数は 2 つだけです。変数が 2 つのブール関数は 4 つあります。一般に、変数が n 個のブール関数は 2^n 個あります。量子ゲートでは状況が大きく異なります。これまで見てきたように、1 つの量子ビットにのみ作用するゲートでさえ無限個あります。有限個のゲートを使用し、それらを有限通りの方法で接続すると、有限個の回路になります。したがって、有限個のゲートで無限にある回路を生成することは不可能です。

有限個の量子ゲートで完全なものはあるか、の質問に対する答えは「ノー」です。有限個の量子ゲートで任意の量子回路を生成することは不可能です。研究者たちは任意の量子回路を近似できる有限個の量子ゲートの組があることを示しましたが、ここでは深入りしません。どんな量子回路も、ここで紹介した 1 量子ビットに作用する 5 種類のゲートおよび 2 量子ビットに作用する CNOT ゲートで作ることができます。

7.6　量子複製不能定理

　最初にファンアウト操作が必要になったのは、古典回路を見ているときでした。ファンアウト操作によって1本の入力ワイヤが2本の出力ワイヤに接続され、入力信号は2つの同一のコピーに分割されます。次に、可逆ゲートを調べました。2つの出力がある場合は、2つの入力も必要です。補助ビットを使用して2番目の入力を常に0にすると、ファンアウト操作ができます。これを行う1つの方法は、CNOTゲートを使用することです。$\mathrm{CNOT}(|0\rangle|0\rangle) = |0\rangle|0\rangle$、$\mathrm{CNOT}(|1\rangle|0\rangle) = |1\rangle|1\rangle$ となります。したがって、$|x\rangle$ が $|0\rangle$ または $|1\rangle$ の場合、$\mathrm{CNOT}(|x\rangle|0\rangle) = |x\rangle|x\rangle$ となります。残念ながら、$|x\rangle$ が $|0\rangle$ または $|1\rangle$ でない場合、量子ビットの複製は得られません。たとえば、$\left(\frac{1}{\sqrt{2}}|0\rangle + \frac{1}{\sqrt{2}}|1\rangle\right)|0\rangle$ を CNOT ゲートに通してみます。するともつれた状態が得られ、左側の量子ビットの複製は得られません。

　ファンアウト操作が可能なのは古典コンピュータだけです。量子計算に対応するものはクローニングです。クローニングはファンアウトのようなものですが、量子ビット用です。古典ビットだけでなく、量子ビットもコピーしたい場合、任意の量子ビット $|x\rangle$ と固定の2番目の入力 $|0\rangle$ を補助ビットとして入力し、$|x\rangle$ の2つのコピーを出力するゲートが必要です。目的のゲートを図7–4に示します。

図7–4：クローニングゲート

　クローニングの問題は、G ゲートが存在するかどうかになります。残念ながら任意の量子ビットを複製することは不可能です。これを証明するために、背理法を使います。そのようなゲートがあると仮定し、この仮定か

ら論理的に矛盾する結果が生じることを示します。論理的矛盾は生じては
ならないので、G が存在したという最初の仮定は間違っていたと結論され
ます。では、証明を見てみましょう。

　G が存在するとします。量子ビットの複製は次の性質を持っているはず
です。

1　$G(|0\rangle|0\rangle) = |0\rangle|0\rangle$

2　$G(|1\rangle|0\rangle) = |1\rangle|1\rangle$

3　$G\left(\left(\frac{1}{\sqrt{2}}|0\rangle + \frac{1}{\sqrt{2}}|1\rangle\right)|0\rangle\right) = \left(\frac{1}{\sqrt{2}}|0\rangle + \frac{1}{\sqrt{2}}|1\rangle\right)\left(\frac{1}{\sqrt{2}}|0\rangle + \frac{1}{\sqrt{2}}|1\rangle\right)$

それぞれ、書き直すと次のようになります。

1　$G(|00\rangle) = |00\rangle$

2　$G(|10\rangle) = |11\rangle$

3　$G\left(\frac{1}{\sqrt{2}}|00\rangle + \frac{1}{\sqrt{2}}|10\rangle\right) = \frac{1}{2}(|00\rangle + |01\rangle + |10\rangle + |11\rangle)$

　G は他の行列演算と同じく、線形でなければなりません。したがって、
次が成立しなければなりません。

$$G\left(\frac{1}{\sqrt{2}}|00\rangle + \frac{1}{\sqrt{2}}|10\rangle\right) = \frac{1}{\sqrt{2}}G(|00\rangle) + \frac{1}{\sqrt{2}}G(|10\rangle)$$

$G(|00\rangle)$ および $G(|10\rangle)$ に先の性質 1、2 を代入すると、次のようになり
ます。

$$G\left(\frac{1}{\sqrt{2}}|00\rangle + \frac{1}{\sqrt{2}}|10\rangle\right) = \frac{1}{\sqrt{2}}|00\rangle + \frac{1}{\sqrt{2}}|11\rangle$$

しかしながら、性質 3 から次のようになります。

$$G\left(\frac{1}{\sqrt{2}}|00\rangle + \frac{1}{\sqrt{2}}|10\rangle\right) = \frac{1}{2}(|00\rangle + |01\rangle + |10\rangle + |11\rangle)$$

これらを比較すると、次のようになります。

$$\frac{1}{\sqrt{2}}|00\rangle + \frac{1}{\sqrt{2}}|11\rangle \neq \frac{1}{2}(|00\rangle + |01\rangle + |10\rangle + |11\rangle)$$

　つまり、G が存在するなら、両者が等しくなるべきですが、そうはなっていません。これは矛盾です。論理的な帰結として、G は存在しません。つまり、任意の量子ビットを複製するような量子ゲートを作ることは不可能です。証明では補助ビットに $|0\rangle$ を使いましたが、特に $|0\rangle$ である必要はありません。どんな量子ビットを補助ビットにしても同じ議論が成り立ちます。

　量子ビットを複製できないことは、多くの重要な結果をもたらします。ファイルをバックアップし、ファイルのコピーを他の人に送信できるようにしたいとしましょう。コピーはいつでもどこにでもあります。日常使うコンピュータでコピーができるのは、現行のシステムがノイマン型アーキテクチャに大きく依存しています。なによりプログラムを実行する際、常にビットをある場所から別の場所にコピーしています。一方、量子計算では、任意の量子ビットをコピーできません。そのため、もしプログラム可能な量子コンピュータが設計された場合、それらは現在のアーキテクチャとは異なるものになることでしょう。

　最初は量子ビットをコピーできないという事実は深刻な欠点のように思えますが、重要な点を 2 つ指摘しておきます。

　1 つ目は、データを保護したい場合、コピー防止に役に立つということです。イブのケースで見たように、通信を傍受されたくない時に、量子ビットがコピーできないことを利用して、不適切なコピーが作成されないようにできます。2 つ目は、非常に重要な事項なので次節で説明します。

7.7　量子計算と古典的計算

　量子ビット $|0\rangle$ および $|1\rangle$ は 0 および 1 に対応します。CNOT ゲートを量子ビット $|0\rangle$ および $|1\rangle$ のみを使用し、重ね合わせは使用しないで実行した場合、計算結果は古典 CNOT の場合とまったく同じになります。同じことがフレドキンゲートの量子バージョンにも当てはまります。古典的

なフレドキンゲートは完全であり、|0⟩ と |1⟩ だけを使用した量子フレドキ
ンゲートは、古典的なゲートと同等なので、量子回路は、古典的な回路で
計算できるものなら何でも計算できることがわかります。量子ビットが複
製できない点が気になるかもしれませんが、古典的な計算を制限するもの
ではありません。

　これは示唆に富んだ結果です。古典計算と量子計算を比較する場合、2
つを異なるタイプの計算と考えてはならないことを示しているのです。量
子計算には、古典的な計算のすべてが含まれます。量子コンピュータはよ
り一般的な形式の計算です。量子ビットが計算の基本単位であり、古典
ビットではありません。

　いくつかの基本的なゲートを見たので、それらを接続して回路をつくっ
てみましょう。

7.8　ベル回路

　次の量子回路をベル回路と呼びます（図 7–5）。

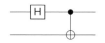

図7-5：ベル回路

　ベル回路が何をするのかを見るために、標準基底の量子ビットの 4 つ
を入力してみます。|00⟩ = |0⟩|0⟩ を入力すると、最初の量子ビットは、H
ゲートによって $\frac{1}{\sqrt{2}}|0⟩ + \frac{1}{\sqrt{2}}|1⟩$ になり、2 つの量子ビットの状態は次のよ
うになります。

$$\left(\frac{1}{\sqrt{2}}|0⟩ + \frac{1}{\sqrt{2}}|1⟩ \right) |0⟩ = \frac{1}{\sqrt{2}}|00⟩ + \frac{1}{\sqrt{2}}|10⟩$$

　CNOT ゲートを適用すると、|10⟩ を |11⟩ に反転するので、最終的に量子
ビットの状態は $\frac{1}{\sqrt{2}}|00⟩ + \frac{1}{\sqrt{2}}|11⟩$ となります。図 7–6 に回路を示します。

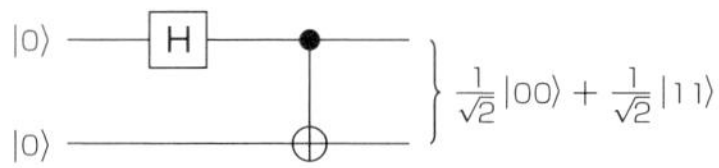

図7-6：量子ビットの状態

これをまとめて、$B(|00\rangle) = \frac{1}{\sqrt{2}}|00\rangle + \frac{1}{\sqrt{2}}|11\rangle$ とします。

次式が成り立つことを確認してみましょう。

$$B(|01\rangle) = \frac{1}{\sqrt{2}}|01\rangle + \frac{1}{\sqrt{2}}|10\rangle$$

$$B(|10\rangle) = \frac{1}{\sqrt{2}}|00\rangle - \frac{1}{\sqrt{2}}|11\rangle$$

$$B(|11\rangle) = \frac{1}{\sqrt{2}}|01\rangle - \frac{1}{\sqrt{2}}|10\rangle$$

これらの出力はすべてもつれています。入力は $\mathbb{R}^4$ の正規直交基底を形成するため、出力も正規直交基底を形成します。$B(|00\rangle)$ を含む、もつれた4つのケットで構成されるこの基底は、ベル基底と呼ばれます。

正方行列 A が直交であるかどうかを判断する方法は、$A^T A$ を計算することです。ここで、A^T は、A の行と列を交換することによって得られる転置行列です。もし積が恒等行列 I になった場合は、A は直交行列で、行列の列は正規直交基底を与えます。恒等行列にならない場合は行列は直交していません。

量子ゲートは直交するように定義されているので、ゲートはすべてこの特性を持っています。実際、パウリゲートのうち、Y ゲートを除いて、この章で紹介したすべてのゲートには、転置を取っても、始めと同じ行列になるという特性もあります[3]。すなわち、これらのすべてのゲートについて

---

[3]　$A^T = A$ という性質を持つ行列は対称行列と呼ばれます。これらは、対角要素に対して要素が対称になっています。

$AA = I$ であり、連続してゲートを 2 回適用すると、出力が同じになることを示しています。ゲートを 2 回適用すると、最初に適用したときに行った操作が取り消されます。

ベル回路の使用方法についてはすぐに説明しますが、最初に H ゲートと CNOT ゲートは可逆であることを取り上げます。

次の回路（図 7-7）を検討してみましょう。

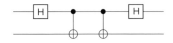

図7-7：H ゲートと CNOT ゲートで構成された回路

量子ビットのペアを回路に入力すると、最初に H ゲートが適用され、次に CNOT ゲートが適用されます。これは 2 回目の CNOT ゲートの適用によって直ちに取り消されます。最後に、2 回目の H ゲートの適用によって、最初の H ゲートによる操作を取り消します。その結果、回路は状態を変えません。つまり量子ビットの出力は、入力した量子ビットと同じになります。回路の後半は、前半の動作の逆になります。

これは、図 7-8 が、逆ベル回路と呼ばれる、ベル回路の動作を逆にする回路であることを意味します。

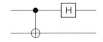

図7-8：逆ベル回路

ベル基底を入力すると、どうなるかがわかりやすいでしょう。この場合、標準基底を出力するはずです。

- $\frac{1}{\sqrt{2}}|00\rangle + \frac{1}{\sqrt{2}}|11\rangle$ を入力した場合、$|00\rangle$ を出力する。
- $\frac{1}{\sqrt{2}}|01\rangle + \frac{1}{\sqrt{2}}|10\rangle$ を入力した場合、$|01\rangle$ を出力する。

- $\frac{1}{\sqrt{2}}|00\rangle - \frac{1}{\sqrt{2}}|11\rangle$ を入力した場合、$|10\rangle$ を出力する。
- $\frac{1}{\sqrt{2}}|01\rangle - \frac{1}{\sqrt{2}}|10\rangle$ を入力した場合、$|11\rangle$ を出力する。

以上がベル回路の基本的な特性です。では、この特性をどのように適用したら面白いことができるでしょうか。超高密度符号化と量子テレポーテーションを見ていきましょう。

7.9 超高密度符号化

超高密度符号化と量子テレポーテーションの問題設定は同じです。2つの電子のもつれたスピン状態は $\frac{1}{\sqrt{2}}|00\rangle + \frac{1}{\sqrt{2}}|11\rangle$ です。電子の一方はアリスが、もう一方はボブが保持します。そして2人は遠く離れた場所を単独で旅行し、注意深く、それぞれの電子を測定せず、もつれ状態に保ち続けます。

超高密度符号化とは、アリスがボブに古典的な2ビットの情報（00、01、10、11 のうちの1つ）を送信する際、ボブに1量子ビット（アリスの電子）を送れば十分であるということです。

手順の説明の前に、まずは問題を分析して何をしたいかを確認します。

一見すると、問題は簡単に思えます。アリスはボブに量子ビット $a_0|0\rangle + a_1|1\rangle$ を送信します。量子ビットは $a_0^2 + a_1^2 = 1$ を満たせばなんでも構いません。選び方は無限にあります。無限個とりうる状態のうち、どれか1つ、状態を任意に送信できる場合、それを使って2ビットの情報（4つの可能性のうち1つ）を送信する方法は簡単に作れそうです。問題は、ボブは量子ビットが何であるかを決して知ることができず、情報を取得するには測定するしかないことです。

ボブは標準基底でスピンを測定し、$|0\rangle$ または $|1\rangle$ を得ます。アリスが $a_0|0\rangle + a_1|1\rangle$ を送信すると、ボブは確率 a_0^2 で $|0\rangle$、確率 a_1^2 で $|1\rangle$ を得ます。もしボブが $|0\rangle$ を得たら、a_0 について0ではないこと以外何もわかり

ません。ボブは、各量子ビットから最大 1 ビットの情報を取得できます。
2 ビットの情報を取得するには、アリスから送信された電子から 1 ビット
分情報を抽出する必要がありますが、さらに自分が持っている電子からも
1 ビット情報を抽出する必要があります。

　アリスとボブは最初にそれぞれ 1 つの電子を持っています。最終的に、
ボブは両方の電子を持ち、スピンを測定します。ボブには、2 本のワイヤ
が出る量子回路があります。アリスが 00 を送信したいとき、ボブが測定
を開始する直前に、上部の電子を状態 |0⟩ に、下部の電子が状態 |0⟩ に、つ
まり、ボブがスピンを測定する前に電子のペアがもつれのない状態 |00⟩ に
なるように調整する必要があります。同様に、アリスが 01 を送信したい
場合、ボブが測定を行う直前に電子のペアを状態 |01⟩ にする必要がありま
す。アリスが 10 を送信したい場合、最終状態は |10⟩、アリスが 11 を送信
したい場合は |11⟩ になります。

　最後に、ボブが受け取るすべての電子のペアに対して同じことをしなけ
ればなりません。彼は、アリスが送信しようとしているものを知らないた
め、アリスが送信しようとしているものに応じて異なることを行うことは
できません。これがポイントです。

　この方法の背後にある考え方は、アリスが 4 つの方法のいずれかでアリ
スの持っている電子を操作するということです。いずれの方法でも、量子
ビットの状態はベル基底の基底ベクトルの 1 つになります。次に、ボブは
逆ベル回路を介して量子ビットのペアを実行し、正しいもつれていない状
態を取得します。

　アリスには 4 つの量子回路があり、2 ビットの選択肢ごとに 1 つ割り当
てられます。各回路はパウリゲートを使用します（図 7-9）。

図7-9：アリスが持っている量子回路

　それぞれ量子ビットに何が起こるかを見ていきましょう。最初は、アリスとボブの量子ビットがもつれています。状態は $\frac{1}{\sqrt{2}}|00\rangle + \frac{1}{\sqrt{2}}|11\rangle$ で、次のように書きます。

$$\frac{1}{\sqrt{2}}|0\rangle \otimes |0\rangle + \frac{1}{\sqrt{2}}|1\rangle \otimes |1\rangle$$

　アリスが回路を介して電子を送ると、ケットが変わります。アリスの回路はボブの電子に影響を与えないことに注意してください。

　アリスが 00 を送信したい場合は、何もしません。結果の量子ビットの状態は、そのまま、$\frac{1}{\sqrt{2}}|00\rangle + \frac{1}{\sqrt{2}}|11\rangle$ にとどまります。

　アリスが 01 を送信したい場合は、X ゲートを適用します。アリスの $|0\rangle$ が $|1\rangle$ に変わります。新しい状態は、$\frac{1}{\sqrt{2}}|1\rangle \otimes |0\rangle + \frac{1}{\sqrt{2}}|0\rangle \otimes |1\rangle$ となります。これは $\frac{1}{\sqrt{2}}|10\rangle + \frac{1}{\sqrt{2}}|01\rangle$ と書けます。

　アリスが 10 を送信したい場合、Z ゲートを適用します。アリスの $|0\rangle$ はそのままですが、$|1\rangle$ が $-|1\rangle$ に変わります。新しい状態は、$\frac{1}{\sqrt{2}}|0\rangle \otimes |0\rangle + \frac{1}{\sqrt{2}}(-|1\rangle) \otimes |1\rangle$ となります。これは $\frac{1}{\sqrt{2}}|00\rangle - \frac{1}{\sqrt{2}}|11\rangle$ と書けます。

　アリスが 11 を送信したい場合、Y ゲートを適用します。量子ビットはもつれた状態 $\frac{1}{\sqrt{2}}|10\rangle - \frac{1}{\sqrt{2}}|01\rangle$ になります。

　結果は、まさにアリスが望む状態であることに注意してください。それぞれは、状態が異なるベル基底ベクトルです。アリスはボブに電子を送ります。ボブがアリスの電子を受け取ったとき、逆ベル回路を使用し、ボブはアリスが送信した量子ビットと常にボブが所有していた量子ビットの両方を入力して、アリスが送信したビットの情報を得ます。

アリスが 00 を送信する場合、ボブは状態 $\frac{1}{\sqrt{2}}|00\rangle + \frac{1}{\sqrt{2}}|11\rangle$ の量子ビットを得ます。これを逆ベル回路に通し、状態を $|00\rangle$ に変化させます。これはもつれた状態ではありません。上位ビットも下位ビットも $|0\rangle$ です。そこでボブは量子ビットを測定し、00 を得ます。

アリスが 01 を送信する場合、ボブは状態 $\frac{1}{\sqrt{2}}|10\rangle + \frac{1}{\sqrt{2}}|01\rangle$ の量子ビットを得ます。これを逆ベル回路に通し、状態を $|01\rangle$ に戻します。これはもつれた状態ではありません。上位ビットは $|0\rangle$ で、下位ビットは $|1\rangle$ です。そしてボブは量子ビットを測定し 01 を得ます。他のケースも同様です。いずれの場合も、最終的にボブはアリスが送信したい 2 ビットの情報を得ます。

7.10　量子テレポーテーション

超高密度符号化の場合と同様、アリスとボブは離れているとします。2 人はそれぞれ 1 つ電子を持っています。電子はもつれた状態 $\frac{1}{\sqrt{2}}|00\rangle + \frac{1}{\sqrt{2}}|11\rangle$ を共有します。アリスは状態が $a|0\rangle + b|1\rangle$ の、別の電子も持っています。アリスは、確率振幅 a および b が何であるかを知りませんが、アリスとボブは、ボブの電子の状態を $a|0\rangle + b|1\rangle$ になるようにしたい、つまり、アリスの電子の状態をボブにテレポートしたいと考えています。そのためには、アリスがボブに 2 つの古典的なビットを送信しなければなりませんが、電子の初期状態には無限に多くの可能性があることに注意してください。

わずか 2 つの古典的なビットを使用して、無限可能性の 1 つを送信できることは印象的です。アリスが保持する量子ビットを送信し、ボブは量子ビットを受信しますが、2 人とも決して状態を厳密にすることができない、というのは興味深いものです。テレポーテーションについて学ぶためには測定しなければなりません。測定すると $|0\rangle$ または $|1\rangle$ を得ます。

どのようなプロセスになるか予測してみましょう。ボブは最終的にはもつれていない状態 $a|0\rangle + b|1\rangle$ にある電子を保持します。最初は、ボブと

アリスの電子はもつれた状態を共有しています。もつれた状態を解くために、誰かが測定をしなければなりません。ボブではないことは自明です。ボブが測定を行うと、測定後 $|0\rangle$、$|1\rangle$ のいずれかの状態の電子になりますが、$a|0\rangle + b|1\rangle$ にはなる必要はありません。したがって、アリスが測定を行います。さらに、3 番目の電子の状態を知る必要があります。アリスは、この電子の状態と、現在ボブの電子ともつれている他のアリスの電子の状態と、もつれさせるために、何かをしなければなりません。それは、アリスが制御する 2 つの量子ビットを CNOT ゲートに通すことです。これが最初のステップです。2 番目のステップは、アダマールゲートを最上位量子ビットに適用させることです。したがって、実際には、アリスは逆ベル回路を介して制御する 2 つの量子ビットを配置します。アリスの量子ビットがボブの量子ビットの上に表示されている状況を図 7-10 に示します。2 番目と 3 番目の行は、もつれた量子ビットを示しています。

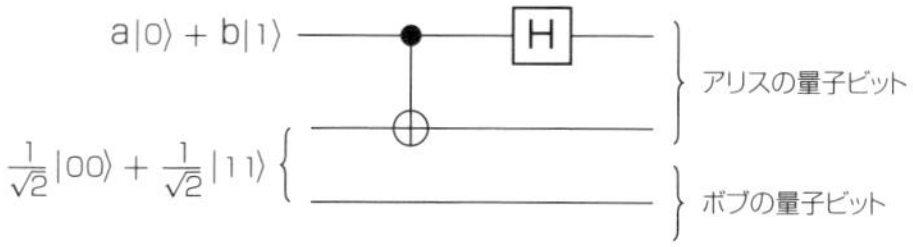

図7-10：アリスからボブへの量子テレポーテーション

　3 つの量子ビットがあり、3 つの電子を記述する初期状態は次のとおりです。

$$(a|0\rangle + b|1\rangle) \otimes \left(\frac{1}{\sqrt{2}}|00\rangle + \frac{1}{\sqrt{2}}|11\rangle \right)$$

これは次のように書き表すことができます。

$$\frac{a}{\sqrt{2}}|000\rangle + \frac{a}{\sqrt{2}}|011\rangle + \frac{b}{\sqrt{2}}|100\rangle + \frac{b}{\sqrt{2}}|111\rangle$$

アリスは、自分の量子ビットを操作しようとしていますから、強調するために以下のように書きます。

$$\frac{a}{\sqrt{2}}|00\rangle \otimes |0\rangle + \frac{a}{\sqrt{2}}|01\rangle \otimes |1\rangle + \frac{b}{\sqrt{2}}|10\rangle0\rangle \otimes |0\rangle \frac{b}{\sqrt{2}}|11\rangle \otimes |1\rangle$$

アリスは、逆ベル回路を適用します。これには 2 段階必要で、始めに CNOT ゲートを適用し、次に H ゲートを最上位量子ビットに適用します。

CNOT ゲートを通すと次のように書けます。

$$\frac{a}{\sqrt{2}}|00\rangle \otimes |0\rangle + \frac{a}{\sqrt{2}}|01\rangle \otimes |1\rangle + \frac{b}{\sqrt{2}}|11\rangle \otimes |0\rangle + \frac{b}{\sqrt{2}}|10\rangle \otimes |1\rangle$$

次に、アリスは最上位ビットを操作するので、強調するように書きます。

$$\frac{a}{\sqrt{2}}|0\rangle \otimes |0\rangle \otimes |0\rangle + \frac{a}{\sqrt{2}}|0\rangle \otimes |1\rangle \otimes |1\rangle + \frac{b}{\sqrt{2}}|1\rangle \otimes |1\rangle \otimes |0\rangle + \frac{b}{\sqrt{2}}|1\rangle \otimes |0\rangle \otimes |1\rangle$$

H ゲートを最上位ビットに適用します。これは $|0\rangle$ を $\frac{1}{\sqrt{2}}|0\rangle + \frac{1}{\sqrt{2}}|1\rangle$ に、$|1\rangle$ を $\frac{1}{\sqrt{2}}|0\rangle - \frac{1}{\sqrt{2}}|1\rangle$ に変化させるので、以下のようになります。

$$\frac{a}{2}|0\rangle \otimes |0\rangle \otimes |0\rangle + \frac{a}{2}|1\rangle \otimes |0\rangle \otimes |0\rangle + \frac{a}{2}|0\rangle \otimes |1\rangle \otimes |1\rangle$$
$$+ \quad \frac{a}{2}|1\rangle \otimes |1\rangle \otimes |1\rangle + \frac{b}{2}|0\rangle \otimes |1\rangle \otimes |0\rangle - \frac{b}{2}|1\rangle \otimes |1\rangle \otimes |0\rangle$$
$$+ \quad \frac{b}{2}|0\rangle \otimes |0\rangle \otimes |1\rangle - \frac{b}{2}|1\rangle \otimes |0\rangle \otimes |1\rangle$$

これは、次のように少しだけ単純化できます。

$$\frac{1}{2}|00\rangle \otimes (a|0\rangle + b|1\rangle) + \frac{1}{2}|01\rangle \otimes (a|1\rangle + b|0\rangle)$$
$$+ \quad \frac{1}{2}|10\rangle \otimes (a|0\rangle - b|1\rangle) + \frac{1}{2}|11\rangle \otimes (a|1\rangle - b|0\rangle)$$

アリスは現在、標準基底を用い、自分の 2 つの電子を測定します。アリスは $|00\rangle$、$|01\rangle$、$|10\rangle$、$|11\rangle$ のうちの、どれか 1 つをそれぞれ 1/4 の確率で得ます。

- アリスが $|00\rangle$ を得ると、ボブの量子ビットは状態 $a|0\rangle + b|1\rangle$ にジャンプする。

- アリスが $|01\rangle$ を得ると、ボブの量子ビットは状態 $a|1\rangle + b|0\rangle$ に ジャンプする。

- アリスが $|10\rangle$ を得ると、ボブの量子ビットは状態 $a|0\rangle - b|1\rangle$ に ジャンプする。

- アリスが $|11\rangle$ を得ると、ボブの量子ビットは状態 $a|1\rangle - b|0\rangle$ に ジャンプする。

ボブの量子ビットが $a|0\rangle + b|1\rangle$ という状態になるのが、アリスとボブの 目標です。もうほとんど完了してますが、あと少し操作が必要です。アリ スはボブに 4 つ状態のうちどれを測定結果として得たかを知らせなければ なりません。アリスはボブに、アリスの測定結果に対応する 2 つの古典的 な情報ビット 00、01、10、11 を送信し、ボブに教えます。これらの情報 は、たとえば文書など、どんな方法でもかまいません。

- ボブが 00 を受信した場合、ボブは量子ビットを正しく受け取っ たとわかるため、何もしない。

- ボブが 01 を受信した場合、ボブは自分の量子ビットが $a|1\rangle + b|0\rangle$ であることがわかる。そのため、ボブは X ゲートを適用する。

- ボブが 10 を受信した場合、ボブは自分の量子ビットが $a|0\rangle - b|1\rangle$ であることがわかる。そのため、ボブは Z ゲートを適用する。

- ボブが 11 を受信した場合、ボブは自分の量子ビットが $a|1\rangle - b|0\rangle$ であることがわかる。そのため、ボブは Y ゲートを適用する。

どの場合でも、ボブの量子ビットは、最終的にアリスがテレポートした い量子ビットの元の状態である状態 $a|0\rangle + b|1\rangle$ になります。

プロセスのすべてにおいて状態 $a|0\rangle + b|1\rangle$ にある量子ビットは 1 つだけ であることに注意してください。最初は、アリスが量子ビットを持ってお り、最後にボブが量子ビットを持っています。ここで、量子複製不能定理

に従い、量子状態のコピーはできないので、2人のうち1人だけがこの量子状態を持つことが許されます。

また、アリスが自分の回路を通して量子ビットを送信すると、ボブの量子ビットが即座に4つの状態のいずれかにジャンプすることも興味をひきます。ボブは、アリスが2つの古典的なビットの送信を待たなければ、4つの量子ビットのうち、どれが元の量子ビットに対応するかを決められません。これは情報の瞬間移動は不可能で、従来の通信方法で2ビットを送信する必要があるという事実を反映しています。

超高密度符号化と量子テレポーテーションは、お互いに逆の操作であると言われることがあります。超高密度符号化の場合、アリスはボブに1量子ビットを送信して、2古典ビットの情報を伝えます。量子テレポーテーションの場合、アリスはボブに2古典ビットの情報を送信して、1量子ビットをテレポートします。超密度符号化の場合、アリスはパウリ変換を使用して符号化し、ボブは逆ベル回路を使用して復号します。量子テレポーテーションの場合、アリスは逆ベル回路を使用して符号化し、ボブはパウリ変換を使用して復号します。

量子テレポーテーションは実際に行われています。通常、もつれた電子ではなく、もつれた光子を使用し、かなりの距離にわたって行うことができます。私がこれを書いているとき、中国のチームが地球から地球の低軌道衛星に量子ビットをテレポートしたことが発表されました。これらの実験は、スタートレック[4]のテレポーテーションのイメージがあるので、テレビニュースでときどき話題になります。量子テレポーテーションは、ニュース番組などで引用されるため、多くの人がこの言葉を聞いたことがありますが、残念ながらなにがテレポートされているかを正確に理解している人は多くありません。

---

[4] Star Treck。1966年に第1作が放送されたアメリカのSFテレビドラマ（NBC系列）。日本では「宇宙大作戦」のタイトルで1969年に日本テレビ系列で放送された。

　量子テレポーテーションは、量子ビットを表す粒子を実際に転送することなく、ある場所から別の場所に量子ビットを転送します。エラーを訂正するためにも利用されます。量子計算にとって非常に重要です。量子ビットは環境と相互作用して破損する傾向があります。エラー訂正の詳細については説明しませんが、簡単な例を次節で紹介します。

7.11　エラー訂正

　CD 登場以前、学生だった私はレコードを聴いていました。レコードを再生するためには、厳かな儀式を行います。まず、レコードをレコードジャケットからそっと滑らせ、表面に指紋が付かないように注意しつつ端を持ちます。そしてターンテーブルに置き、ほこりを取り除きます。帯電防止スプレーと特別なクリーニングブラシが必要でした。そして、レコードの針を慎重にレコードまで下げました。

　これらすべての予防措置を講じても、目に見えないほこりやわずかな不完全さによって雑音が発生することがよくありました。誤ってひっかくと、1 分間に 33 回プチプチというノイズが発生し、音楽が聴けなくなります。それから CD ができ、プチプチ音はなくなりました。表面に傷を付けたとしても完全に再生されます。

　レコードにはエラー訂正機能が組み込まれていません。レコードを損傷すると、元の音楽を復元できません。一方、CD にはエラー訂正が組み込まれています。小さな欠陥がある場合、デジタルエラー訂正コードは多くの場合、間違いを計算して修正できます。

　デジタル情報の符号化には、2 つの重要な技術が入っています。1 つ目は、冗長性を排除して情報を可能な限り圧縮し、データをできるだけ小さくすることです。ワードファイルの ZIP ファイル作成などがあげられます（CD が嫌いな人もいます。音楽が圧縮されすぎて、レコードの音の暖かさがなくなると感じるのです）。2 番目の重要な技術は、冗長性の追加です。

これは有用な冗長性です。つまりエラーの訂正に役立つ情報をいくつか追加するのです。

現在、デジタル情報の通信すべてに、何らかのエラー訂正コードを使用しています。情報には、わずかでも損傷する可能性があるため、その損傷を修正できるようにしたいと考えているのです。

エラー訂正は、量子ビットが関係する伝送に不可欠です。通常、光子と電子を使用して符号化します。これらの粒子は宇宙と相互作用することができ、望ましくない相互作用によって量子ビットは状態を変えるかもしれません。この節では、最も基本的な古典的エラー訂正コードから、量子ビットの送信に関してもエラー訂正ができるかどうかを考えます。

7.12　コードの繰り返し

シンプルなエラー訂正コードは、「送信したいものを繰り返す」です。最も単純な場合は、3 回繰り返すことです。アリスが 0 を送信したい場合、000 を送信します。1 を送信したい場合、111 を送信します。ボブが 3 つの 0 と 3 つの 1 を得続ける場合、すべてが正常であるとします。たとえば 101 など他の何かを受け取った場合、エラーが発生したことがわかります。文字列は 000 または 111 でなければなりません。アリスが送信した文字列が 000 だった場合、2 つのエラーが発生しているはずです。文字列が 111 の場合、エラーは 1 つだけ発生しています。エラーの確率が低い場合は 2 つのエラーではなく、1 つのエラーが発生する可能性が高いため、ボブはエラーの発生を少ないとし、結果 101 を 111 に置き換えます。

ボブが受信する 3 ビット文字列には 8 つの可能性があります。まず 4 つ、000、001、010、100 です。ボブはこれらすべてを 000 として復号します。他の 4 つの 3 ビット文字列は 111、110、101、011 です。ボブはこれらを 111 として復号します。エラーの確率が低い場合、繰り返しコードは多くのエラーを修正し、全体的なエラー率を低減します。これはかな

り簡単ですが、量子ビットの場合に拡張してみて、ボブが何をするか見て
みましょう。量子ビットでの問題は、読み取るには測定する必要があり、
また、それによって新しい状態にジャンプする可能性があるということで
す。ボブは量子ビットに対してパリティテストを行う必要が出てきます。

ここで、ボブが3ビット $b_0 b_1 b_2$ を受信したとします。どのビットを変更
すべきか、変更しないで良いか、の計算を行います。ボブは $b_0 \oplus b_1$ およ
び $b_0 \oplus b_2$ を計算します。

$b_0 \oplus b_1$ は、最初の2ビットのパリティをテスト、同じ数字であるかど
うかをチェックします。$b_0 \oplus b_2$ は1桁目と3桁目のパリティテストを実
行します。

3ビットすべてが0に等しいか、すべて1に等しい場合、パリティの和
は0になります。すべてのビットが等しくない場合、2つは等しくなり、
3つ目は異なります。0から1、または1から0に反転する必要があるの
は、この3番目のシンボルです。

- $b_0 = b_1 \neq b2$ の場合、$b_0 \oplus b_1 = 0$ および $b_0 \oplus b_2 = 1$
- $b_0 = b_2 \neq b1$ の場合、$b_0 \oplus b_1 = 1$ および $b_0 \oplus b_2 = 0$
- $b_0 \neq b_1 = b2$ の場合、$b_0 \oplus b_1 = 1$ および $b_0 \oplus b_2 = 1$

これは、ボブが $b_0 \oplus b_1$ と $b_0 \oplus b_2$ の、ビットのペアを見ればよいことを
示しています。

- ボブが00を取得した場合、修正するものは何もないので何もし
  ない。
- ボブが01を取得した場合、b_2 を反転する。
- ボブが10を取得した場合、b_1 を反転する。
- ボブが11を取得した場合、b_0 を反転する。

量子ビットに対してどうしたらエラー訂正ができるでしょうか。その前に、一見自明と思われることですが、量子ビットフリップ補正を行うのに重要な考察をします。ボブが文字列を受信し、最初のビットにエラーがあるとします。これは011、100のいずれかを受信したことを意味します。ボブは、パリティテストを行った後、両方の文字列に対して11を取得し、最初のビットにエラーがあったことがわかります。重要な点は、パリティテストがエラーの場所を示していることです。1に反転する必要がある0であるか、0に反転する必要がある1であるかはわかりません。

7.13　量子ビットフリップ補正

アリスはボブに量子ビット $a|0\rangle + b|1\rangle$ を送信したいと考えています。さまざまの種類のエラーが発生する可能性がありますが、ここではビット反転のみが起こるとします。この場合、$a|0\rangle + b|1\rangle$ は $a|1\rangle + b|0\rangle$ となります。

アリスは、量子ビットのコピーを 3 つ送信したいと考えますが、もちろん、これは不可能です。量子複製不能定理によりコピーを作成できないからです。しかし、彼女は古典的ファンアウトを実行し、$|0\rangle$ を $|000\rangle$ に、$|1\rangle$ を $|111\rangle$ に置き換えることはできます。これは、2 つの CNOT ゲートで行われます（図 7-11）。

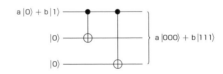

図7-11：量子ビットの冗長化

アリスはまず、符号化したい 1 つの量子ビットと、両方とも $|0\rangle$ である 2 つの補助ビットから初期状態 $(a|0\rangle + b|1\rangle)|0\rangle|0\rangle = a|0\rangle|0\rangle|0\rangle + b|1\rangle|0\rangle|0\rangle$ を作ります。最初の CNOT ゲートは、初期状態を $a|0\rangle|0\rangle|0\rangle + b|1\rangle|1\rangle|0\rangle$ に変化させます。2 番目の CNOT ゲートで必要な状態 $a|0\rangle|0\rangle|0\rangle + b|1\rangle|1\rangle|1\rangle$

を作ります。

アリスは 3 つの量子ビットをボブに送信します。しかし、チャネルはノイズが多く、量子ビットが反転する可能性があります。ボブは正しい量子ビット $a|000\rangle + b|111\rangle$ またはビットが反転した量子ビット $a|100\rangle + b|011\rangle$、$a|010\rangle + b|101\rangle$、$a|001\rangle + b|110\rangle$ のいずれか 1 つを受け取ります。これらはそれぞれ、1 番目、2 番目、3 番目の量子ビットで発生するエラーに対応します。エラーの検出と修正の両方が重要です。しかしこのもつれた状態で測定を行うことはできません。もし測定してしまうと、もつれた状態は解かれ、$|0\rangle$ と $|1\rangle$ の組み合わせである 3 つの量子ビットを得ます。a と b の値は失われてしまい、回復する方法はありません。

驚くべきことにボブはアリスが送信した 3 つの量子ビットを測定せずに、どのビットが反転したかを判断して修正することができます。ボブは古典的なビットに使用したパリティテストのアイデアを使います。パリティテストを行うために、さらに 2 つの量子ビットを追加します。以下に回路を示します。4 つの CNOT ゲートを使用します。4 番目のワイヤに接続されている 2 つの CNOT ゲートは、$b_0 \oplus b_1$ のパリティテストの計算に使用されます。5 番目のワイヤの 2 つの CNOT ゲートは $b_0 \oplus b_2$ のパリティテストの計算を行います。図 7–12 は、一見すると 5 つの量子ビットが非常に複雑にもつれているように見えますが、下の 2 つの量子ビットは上の 3 つの量子ビットともつれていないことを示しています。本当にそうなっているでしょうか。

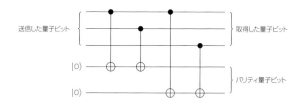

図7-12：CNOT を利用したパリティテスト計算

ボブが $a|c_0c_1c_2\rangle + b|d_0d_1d_2\rangle$ を受け取ったとします。重要な点は、エラーが発生すると、$c_0c_1c_2$ と $d_0d_1d_2$ の両方にまったく同じ場所でエラーが発生することです。パリティテストを適用すると、両方の文字列が同じ結果になります。

何が起こっているのか説明するために、ボブの回路を見てみましょう。最初の 4 つの量子ビットの入力は次のようになっています。

$$(a|c_0c_1c_2\rangle + b|d_0d_1d_2\rangle))|0\rangle = a|c_0c_1c_2\rangle|0\rangle + b|d_0d_1d_2\rangle|0\rangle$$

4 番目のワイヤに接続された 2 つの CNOT ゲートが最上位から二桁分パリティテストを行います。しかし、$c_0 \oplus c_1 = d_0 \oplus d_1$ であるため、回路の右側の 4 つの量子ビットは次の 2 つの状態のいずれかになります。

$c_0 \oplus c_1 = d_0 \oplus d_1 = 0$ の場合

$$a|c_0c_1c_2\rangle|0\rangle + b|d_0d_1d_2\rangle|0\rangle = (a|c_0c_1c_2\rangle + b|d_0d_1d_2\rangle))|0\rangle$$

$c_0 \oplus c_1 = d_0 \oplus d_1 = 1$ の場合

$$a|c_0c_1c_2\rangle|1\rangle + b|d_0d_1d_2\rangle|1\rangle = (a|c_0c_1c_2\rangle + b|d_0d_1d_2\rangle))|1\rangle$$

どちらの場合も、4 番目の量子ビットは上位 3 量子ビットともつれません。同様にして 5 番目の量子ビットも上位 3 量子ビットともつれていません。$c_0 \oplus c_2 = d_0 \oplus d_2 = 0$ の場合は $|0\rangle$ であり、$c_0 \oplus c_1 = d_0 \oplus d_1 = 0$ の場合は $|1\rangle$ です。

下位の 2 つの量子ビットは上の 3 つの量子ビットともつれないため、ボブは下位 2 量子ビットで測定を行うことができ、その際上位 3 量子ビットは変更されません。

ボブが行うべきことは次のとおりです。

- 00 だった場合、修正するものは何もないので、何もしない。
- 01 だった場合、3 番目のワイヤに X ゲートを設置して、3 番目の量子ビットを反転させる。

- 10 だった場合、2 番目のワイヤに X ゲートを設置して、2 番目の
  量子ビットを反転させる。
- 11 だった場合、最初のワイヤに X ゲートを設置して、最初の量
  子ビットを反転させる。

その結果、ビット反転エラーが修正され、量子ビットはアリスが送信し
た状態に戻ります。この章では、量子ゲートと量子回路の概念を紹介しま
した。ほんの数個の量子ゲートでできる驚くべきことを見てきました。ま
た、量子計算にはすべての古典計算が含まれることがわかりました。これ
は、古典計算を実行するために量子コンピュータを使用するという意味で
はありませんが、量子計算が計算のより基本的な形式であることを意味し
ます。次のトピックは、量子回路を使用して、従来の古典回路で実行でき
るよりも高速に計算を実行できるかどうかです。計算の速度をどのように
比較すればよいでしょうか。量子コンピュータは常に古典コンピュータよ
りも高速でしょうか。これらの疑問について、次の章で答えていきます。

第8章
量子アルゴリズム

　一般的に、量子アルゴリズムは通常のアルゴリズムよりもはるかに高速であると記述されています。この高速化は、考えられるすべての可能な入力を重ね合わせとして入れることができ、その重ね合わせの上にアルゴリズムを実行することから得られるため、と説明されます。そのため、従来のように1つの入力のみでアルゴリズムを実行する代わりに、可能なすべての入力で「量子並列性」を使い、アルゴリズムを走らせることができます。たいていの場合説明はここで終わります。しかし、これには多くの疑問を残します。計算結果は最終的にはすべての可能な答えがすべてお互いに重なり合っているように思われます。測定を行うと、これらの答えの1つだけがランダムに得られるだけではないでしょうか。正しい答えよりも間違った答えになる可能性がはるかに高いので、最終的に正しい答えよりも間違った答えを得る可能性のほうが高くなるのではないでしょうか。

　明らかに、量子アルゴリズムには、すべての可能性を状態の重ね合わせにするだけでなく、他に何かが必要です。これらのアルゴリズムを構築するための技術では、状態の重ね合わせを操作し、測定を行ったとき有用な答えを得られるようになっています。この章では、3つの量子アルゴリズムを見てこの問題にどのように取り組むかを見ていきます。すべてのアルゴリズムが量子高速化の恩恵を受けるわけではないことがわかります。量子アルゴリズムは、高速化された古典アルゴリズムではありません。代わりに、新しい視点で問題を見るための量子的なアイデアを含んでいます。

量子アルゴリズムでは力づくの方法を取るのではなく、量子的な観点からのみ考えられる、独創的な方法を活用します。

3つのアルゴリズムについて詳しく説明します。この3つは、すべて基礎となる数学的な方法を巧妙に利用しています。アルゴリズムは1つずつ難度が上がります。数学の教科書で、星1つを使用して難しいセクションを示し、星2つを使用して非常に難しいセクションを示しているものがあります。それでいうと、ドイッチ-ジョサのアルゴリズムはおそらく星1つに相当し、サイモンのアルゴリズムは星2つに相当します。

この章の最後で、ある問題について、量子アルゴリズムの方が古典アルゴリズムよりも速く解ける場合、問題が持つべき特性と、なぜそれがとても難しく見えるかについて触れます。けれどもその前に、アルゴリズムの速さを測定する方法を説明しなければならないでしょう。

8.1 複雑性クラス P と NP

次の4つの問題を考えましょう。電卓やコンピュータを使用せずに、紙と鉛筆を使用して解くとします。

- 積が 35 である 1 より大きい 2 つの整数を見つけよ。
- 積が 187 である 1 より大きい 2 つの整数を見つけよ。
- 積が 2,407 である 1 より大きい 2 つの整数を見つけよ。
- 積が 88,631 である 1 より大きい 2 つの整数を見つけよ。

1つ目の問題を解くのはそれほど困難はありませんが、続く問題はだんだん難しくなり、より多く計算をすることになるので時間がかかります。これをより詳細に分析する前に、次にあげる別の4つの問題を検討します。

- 7 に 5 を掛けて、35 に等しいことを確認せよ。

- 11 に 17 を掛けて、187 に等しいことを確認せよ。

- 29 に 83 を掛けて、2,407 に等しいことを確認せよ。

- 337 に 263 を掛けて、88,631 に等しいことを確認せよ。

この 4 つの問題は、最初にあげた 4 つの問題よりも間違いなく簡単です。それでも各問題は順番に前の問題よりも難度が上がり、解答にかかる時間はゆっくりと増加します。とはいえ、4 つ目の問題でさえ、解くのに 1 分もかかりません。

数字の桁数を n で示すことにします。すると、最初にあげた 4 つの問題では $n = 2$ から始めて $n = 5$ に進みます。

入力の長さが n の問題を解くために必要な時間、または（同じことですが）必要なステップ数を $T(n)$ で示します。計算の複雑さとは、n が大きくなるにつれてどのように $T(n)$ が大きくなるかを意味します。特に、n のすべての値に対して $T(n) \leq kn^p$ となるような正の数 k および p を見つけることができるかどうかが問題となります。もしそれが可能であれば、この問題は「多項式時間」で解決できると言います。一方、正の数 k と数 $c > 1$ を見つけることができ、n のすべての値に対して $T(n) > kc^n$ が成立している場合、問題を解くには「指数時間」が必要であると言います。多項式的に増えてゆくものに対して、指数関数的に増えてゆくものに関する基本的な事実を思い出してください。十分な時間を与えると、指数関数的に増えてゆくものは多項式的に増えてゆくものより圧倒的に速く増えてゆきます。コンピュータサイエンスでは、多項式時間で解ける問題は簡単で、指数時間で解ける問題は難しいとされます。実際には、ほとんどの多項式時間で解ける問題は、次数の小さい多項式に依存するので、現時点で n の値が大きい問題を解決する計算能力を持っていなくても、数年後には可能になると考えられます。一方、指数時間かかる問題では、現在取り組める範囲を超えて大きくすると、n をほんの少しだけ大きくしたとしても、問題がずっと難しくなり、近い将来ではほぼ解決できないでしょう。

この節の最初に提示した 2 種類の 4 つの問題を見てみましょう。2 番目の 4 つの問題では、2 つの数を乗算しますが、これは簡単です。 n が大きくなると時間がかかりますが、これは多項式時間の問題であることを示すことができます。最初の 4 つの問題はどうでしょうか? いろいろ試してみましょう。するとおそらく、必要な時間は n に対して指数関数的であり、n の多項式ではないと考えるでしょう。これは正しいでしょうか。皆が正しいと考えていますが、誰も証明していません。

1991 年、RSA Laboratories がある問題を提出しました。問題は、2 つの素数の積による多数の数のリストがあり、10 進数の 100 桁から 600 桁の数でそれらを素因数分解することでした。もちろん、コンピュータの使用は許可されていました。最初に因数分解できた人への賞も提供されました。100 桁の数字は比較的速く因数分解されましたが、300 桁以上の数字はまだ因数分解されていません。

ある問題が多項式時間で解ける場合、それは複雑性クラス P に属すると言います。したがって、2 つの数値を乗算する問題は P に属します。問題を解く代わりに、誰かから答えを得て、正答かどうかを確認することを考えましょう。答えが正しいことをチェックするプロセスが多項式時間を要する場合、問題は複雑性クラス NP に属すると言います[1]。桁数の多い 2 つの素数の積を因数分解する問題は NP に属します。

明らかに、答えが正しいことを確認することは、実際に答えを見つけるよりも簡単です。したがって、P に属するすべての問題は NP に属しますが、逆はどうでしょう。すべての NP 問題は P に属するでしょうか。多項式時間で答えをチェックできるすべての問題が多項式時間でも解ける、というのは正しいでしょうか。あなたはおそらく「もちろんそうではない!」と思うでしょう。ほとんどの人は、ありえそうにないと、同意するでしょ

---

[1] NP は非決定的多項式に由来し、これは非決定的チューリングマシンと呼ばれる特定のタイプのチューリングマシンを指します。

う。しかし、誰も P が NP に等しくないことを証明できていません。桁数の多い 2 つの素数の積を因数分解する問題は NP に属し、P に属するとは思いませんが、誰もそれを証明できていません。

NP が P に等しいかどうかの問題は、コンピュータサイエンスで最も重要な問題の 1 つです。2000 年に、Clay Mathematics Institute は 7 つの「ミレニアム賞の問題」をリストし、それぞれに賞金 100 万ドルが与えられました。P 対 NP 問題は、そのうちの 1 つです。

8.2　量子アルゴリズムと古典アルゴリズムの速度

　ほとんどの量子コンピュータ科学者は、P は NP と等しくないと考えています。また、NP には属するが P には属さない問題もあると考えています。これは、量子コンピュータが多項式時間で解決できる問題です。これは、古典的なコンピュータでは、多項式時間で解けないが、量子コンピュータならば解決できる問題が存在していることを意味します。しかし、このことを証明するためには、一番最初に P に属せず NP には属する、という問題が存在することを示さなければなりません。これまで見てきたように、誰もこの方法を知りません。それでは、量子アルゴリズムと古典アルゴリズムの速度をどうやって比較できるでしょうか。2 つの方法があります。1 つは理論的、もう 1 つは実用的です。理論的な方法は、計算の複雑さを測る新しい方法を発見することです。この新しい方法は、あるアルゴリズムがどういった計算の複雑さをもつかの証明を簡単にする、というものです。実用的な方法は、実世界の重要な問題で、P に属さないと思われているものの、まだ証明がないものについて、多項式時間で解く量子アルゴリズムを構築することです。

　2 番目のアプローチの例は、2 つの素数の積を因数分解するショアのアルゴリズムです。ピーター・ショア[2]は、多項式時間で完了する量子アル

---

[2]　Peter Williston Shor（1959 年 —）

ゴリズムを構築しました。古典アルゴリズムではこれを多項式時間で行うことはできないと信じられていますが、まだ証明されていません。なぜこの問題が重要なのでしょうか。これから見るように、インターネットのセキュリティは因数分解が多項式時間で終わらないだろうということに頼っています。ただし、この章の残りの部分では、複雑さを計算する新しい方法を定義する最初のアプローチを採用します。

8.3 クエリの複雑さ

これから取り上げるアルゴリズムはすべて、関数の評価に関するものです。ドイッチおよびドイッチ－ジョサのアルゴリズムは、2 つのクラスに属する関数を考慮します。ランダムに関数が与えられ、その関数が 2 つのクラスのどちらに属するかを判断する必要があります。サイモンのアルゴリズムは、特別なタイプの周期関数を考察します。繰り返しますが、これらの関数の 1 つがランダムに与えられ、周期を決定する必要があります。

これらのアルゴリズムを実行するとき、関数を評価する必要があります。「クエリの複雑さ」は、答えを得るためにある関数を評価する回数を数えます。この関数をオラクル[3]と呼びます。「関数を評価する」という代わりに、「オラクルに問い合わせている」「クエリしている」ともいいます。この「クエリの複雑さ」を考えるポイントは、オラクルまたは関数をエミュレートするアルゴリズムを記述する方法を考慮する必要がないため、オラクルまたは関数に入力した際にかかるステップ数を計算する必要がないということです。問い合わせの数を追跡するだけです。これははるかに簡単です。説明のために、最も基本的な例から始めます。

---

[3] 理論計算機科学で、ある種類の問題を 1 ステップで解くブラックボックス的な概念上の装置のこと。

8.4 ドイッチのアルゴリズム

デイビッド・ドイッチは、量子コンピューティングの創始者の1人です。1985年に、彼は量子チューリングマシンと量子計算を記述した画期的な論文[4]を発表しました。この論文には、史上初の古典アルゴリズムよりも量子アルゴリズムが高速であるという例も含まれています。

彼が想定した問題の前提を説明しましょう。1変数の関数を4つ（f_0、f_1、f_2、f_3）考えます。これらの関数の入力は0または1のいずれかであり、出力は0または1以外はありません。

- 関数 f_0 は、入力1の場合は0と出力し、入力0の場合は0と出力。つまり $f_0(0) = 0$ および $f_0(1) = 0$
- 関数 f_1 は、入力0の場合は0と出力し、入力1の場合は1と出力。つまり $f_1(0) = 0$ および $f_1(1) = 1$
- 関数 f_2 は、入力0の場合は1と出力し、入力1の場合は0と出力。つまり $f_2(0) = 1$ および $f_2(1) = 0$
- 関数 f_3 は、入力1の場合は1と出力し、入力0の場合は1と出力。つまり $f_3(0) = 1$ および $f_3(1) = 1$

関数 f_0 および f_3 は定数関数と呼ばれます。出力は入力と同じ値、つまり 出力は一定です。入力の半分を0と出力し、残りの半分を1と出力する場合、平衡関数と呼びます。f_1 と f_2 は両方とも平衡関数です。

ドイッチが提起した問題は次のとおりです。

これらの4つの関数のいずれかがランダムに与えられた場合、その関数が定数か平衡かを判断するためには、関数の評価を何回行う必

---

[4] D.Deutsch, "Quantum theory, the Church-Turing principle and the universal quantum computer", Proceedings of the Royal Society A400 97(1985).

要があるか？

この問題が何を求めているのかを理解することは重要です。4つの関数のいずれかに関心があるかではなく、与えられた関数が定数かそうでないか、だけに関心があります。

古典コンピュータでの計算量の評価をしてみましょう。与えられた関数に0または1のいずれかを代入すれば評価できます。0を代入した場合、0または1が得られます。もし0が得られた場合、つまり $f(0) = 0$ ですが、このときは f_0 または f_1 のいずれかです。f_0 は定数関数で、f_1 は平衡関数で、どちらの可能性もあり、決めるにはもう一度代入しなければなりません。古典コンピュータ上で質問に答えるには、0と1の両方を関数に代入する必要があります。つまり2回の関数評価を行う必要があります。

では、量子バージョンでの計算量を見てみましょう。最初に、4つの関数に対応するゲートをつくります。図8-1に使われている i は、0、1、2、3の数字を取ります。

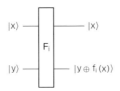

図8-1：4つの関数に対応したゲート

このゲートは次を表しています。

- 入力：$|0\rangle \otimes |0\rangle$　　出力：$|0\rangle \otimes |f_i(0)\rangle$
- 入力：$|0\rangle \otimes |1\rangle$　　出力：$|0\rangle \otimes |f_i(0) \oplus 1\rangle$
- 入力：$|1\rangle \otimes |0\rangle$　　出力：$|1\rangle \otimes |f_i(1)\rangle$
- 入力：$|1\rangle \otimes |1\rangle$　　出力：$|1\rangle \otimes |f_i(1) \oplus 1\rangle$

各 i について、$f_i(0)$ および $f_i(0) \oplus 1$ のどちらかは 0 に等しく、もう一方は 1 に等しく、$f_i(1)$ および $f_i(1) \oplus 1$ のどちらかは 0 に等しく、もう一方は 1 に等しいことがわかります。これは、4 つの出力が常に標準基底の要素を出力すること、ゲートを表す行列が直交していることを意味します。つまりこのような入力と出力を実現するゲートが存在します。

この回路に 2 ビットの情報を入力すると、2 ビットを出力します。そして、ゲートの出力で古典ビットに対応するのは $|0\rangle$ と $|1\rangle$ で、これは、0 と 1 で評価した関数の場合とまったく同じです。

最上位の量子ビットは入力したものとまったく同じであるため、出力からは新しい情報が得られません。2 番目の入力に $|0\rangle$ または $|1\rangle$ のどちらかを選択します。この出力については、最上位ビットで関数評価した値のケットになるか、それと逆のケットになります。答えの 1 つを知っていれば、もう 1 つもわかります。

古典計算に対応する量子計算の問題は次のようになります。

> 4 つのゲートのいずれかをランダムに指定します。関数 f_i が定数であるか平衡であるかを判断するのにゲートを何回使用する必要があるか。

ゲートに $|0\rangle$ と $|1\rangle$ のみ入力するとすれば、結果は古典計算の場合とまったく同じになります。つまり、ゲートを 2 回使用しなければなりません。しかし、デイビッド・ドイッチは、$|0\rangle$ と $|1\rangle$ の重ね合わせた量子ビットを入力できる場合、ゲートを 1 回使用するだけでよいことを示しました。これを示すために、図 8-2 の回路を使用しました。

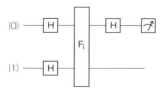

図8-2：ゲートを 1 回使用するだけで結果が得られる

　最上部のワイヤの右端にある小さなメーター記号は、この量子ビットを
測定することを意味します。2 番目のワイヤにメーター記号がないことは、
この出力量子ビットを測定しないことを示しています。

　では、この回路の仕組みを見てみましょう。量子ビット $|0\rangle \otimes |1\rangle$ を入力
します。H ゲートを通過し、次のような状態になります。

$$\frac{1}{\sqrt{2}}(|0\rangle + |1\rangle) \otimes \frac{1}{\sqrt{2}}(|0\rangle - |1\rangle) = \frac{1}{2}(|00\rangle - |01\rangle + |10\rangle - |11\rangle)$$

これらは F_i ゲートを通過します。状態は次のようになります。

$$\frac{1}{2}(|0\rangle \otimes |f_i(0)\rangle - |0\rangle \otimes |f_i(0) \oplus 1\rangle + |1\rangle \otimes |f_i(1)\rangle - |1\rangle \otimes |f_i(1) \oplus 1\rangle)$$

これを計算すると次のようになります。

$$\frac{1}{2}(|0\rangle \otimes (|f_i(0)\rangle - |f_i(0) \oplus 1\rangle) + |1\rangle \otimes (|f_i(1)\rangle - |f_i(1) \oplus 1\rangle))$$

$|f_i(0)\rangle - |f_i(0) \oplus 1\rangle$ は、$|0\rangle - |1\rangle$ または $|1\rangle - |0\rangle$ になります。このいず
れかで、$f_i(0)$ が 0 か 1 に決まります。

　一方、この 2 つをまとめると次のように書くこともできます。

$$|f_i(0)\rangle - |f_i(0) \oplus 1\rangle = (-1)^{f_i(0)}(|0\rangle - |1\rangle)$$

$$|f_i(1)\rangle - |f_i(1) \oplus 1\rangle = (-1)^{f_i(1)}(|0\rangle - |1\rangle)$$

F_i ゲートを通過した後の量子ビットの状態は、次のように記述できます。

$$\frac{1}{2}(|0\rangle \otimes ((-1)^{f_i(0)}(|0\rangle - |1\rangle)) + |1\rangle \otimes ((-1)^{f_i(1)}(|0\rangle - |1\rangle)))$$

これを整理します。

$$\frac{1}{2}((-1)^{f_i(0)}|0\rangle \otimes (|0\rangle - |1\rangle) + (-1)^{f_i(1)}|1\rangle \otimes (|0\rangle - |1\rangle))$$

すなわち、

$$\frac{1}{2}((-1)^{f_i(0)}|0\rangle + (-1)^{f_i(1)}|1\rangle) \otimes (|0\rangle - |1\rangle)$$

最終的に次のようになります。

$$\frac{1}{\sqrt{2}}((-1)^{f_i(0)}|0\rangle + (-1)^{f_i(1)}|1\rangle) \otimes \frac{1}{\sqrt{2}}(|0\rangle - |1\rangle)$$

　この式を見ると2つの量子ビットがもつれておらず、最上位の量子ビットが次の状態にあることを示しています。

$$\frac{1}{\sqrt{2}}((-1)^{f_i(0)}|0\rangle + (-1)^{f_i(1)}|1\rangle)$$

f_i の4つの場合について、この状態を調べてみましょう。

- f_0 の場合

  $f_0(0) = f_0(1) = 0$、量子ビットは $(\frac{1}{\sqrt{2}})(|0\rangle + |1\rangle)$

- f_1 の場合

  $f_1(0) = 0$ および $f_1(0) = 1$、量子ビットは $(1\sqrt{2})(|0\rangle - |1\rangle)$

- f_2 の場合

  $f_2(0) = 1$ および $f_2(0) = 0$、量子ビットは $(-1\sqrt{2})(|0\rangle - |1\rangle)$

- f_3 の場合

  $f_3(0) = f_3(1) = 1$、量子ビットは $(-1\sqrt{2})(|0\rangle + |1\rangle)$

　回路の次のステップは、量子ビットにアダマールゲートを通すことです。このゲートを通すことで $(\frac{1}{\sqrt{2}})(|0\rangle + |1\rangle)$ を $|0\rangle$ に、$(\frac{1}{\sqrt{2}})(|0\rangle - |1\rangle)$ を $|1\rangle$ にします。したがって、最終的には次の結果となります。

- $i = 0$ の場合、量子ビットは $|0\rangle$
- $i = 1$ の場合、量子ビットは $|1\rangle$
- $i = 2$ の場合、量子ビットは $-|1\rangle$
- $i = 3$ の場合、量子ビットは $-|0\rangle$

　標準基底で量子ビットを測定すると、i が0または3の場合は0を得、i が1または2の場合は1を得ます。もちろん、f_0 と f_3 は定数関数で f_1 と f_2 は平衡関数です。そのため、測定後に0が得られた場合、元の関数が定数関数であったことが確実にわかります。1が得られた場合、元の関

数が平衡関数だということがわかります。

　したがって、オラクルに質問する必要があるのは、古典計算の 2 回に対して量子計算だと 1 回だけです。つまり、ドイッチの問題については、量子アルゴリズムを使用したほうが、わずかに高速化できます。このアルゴリズムは実用的なアプリケーションとは言えませんが、前述したように、古典アルゴリズムよりも量子アルゴリズムのほうが高速であるという最初の例となっています。

　さに 2 つの量子アルゴリズムについて詳しく見ていきましょう。いずれも、量子ビットをいくつか入力し、それぞれにアダマールゲートを通して送信します。重ね合わされた多くの量子ビットの記述が扱いにくくならないように、いくつか数学の手法を導入します。

8.5　アダマール行列のクロネッカー積

アダマールゲートの行列は次の行列で与えられます。

$$H = \begin{bmatrix} \frac{1}{\sqrt{2}} & \frac{1}{\sqrt{2}} \\ \frac{1}{\sqrt{2}} & -\frac{1}{\sqrt{2}} \end{bmatrix} = \frac{1}{\sqrt{2}} \begin{bmatrix} 1 & 1 \\ 1 & -1 \end{bmatrix}$$

これは次の 2 つの式になります。

$$
\begin{aligned}
H(|0\rangle) &= \frac{1}{\sqrt{2}} \begin{bmatrix} 1 & 1 \\ 1 & -1 \end{bmatrix} \begin{bmatrix} 1 \\ 0 \end{bmatrix} = \frac{1}{\sqrt{2}} \begin{bmatrix} 1 \\ 1 \end{bmatrix} \\
&= \frac{1}{\sqrt{2}} \begin{bmatrix} 1 \\ 0 \end{bmatrix} + \frac{1}{\sqrt{2}} \begin{bmatrix} 0 \\ 1 \end{bmatrix} = \frac{1}{\sqrt{2}}|0\rangle + \frac{1}{\sqrt{2}}|1\rangle
\end{aligned}
$$

$$
\begin{aligned}
H(|1\rangle) &= \frac{1}{\sqrt{2}} \begin{bmatrix} 1 & 1 \\ 1 & -1 \end{bmatrix} \begin{bmatrix} 0 \\ 1 \end{bmatrix} = \frac{1}{\sqrt{2}} \begin{bmatrix} 1 \\ -1 \end{bmatrix} \\
&= \frac{1}{\sqrt{2}} \begin{bmatrix} 1 \\ 0 \end{bmatrix} - \frac{1}{\sqrt{2}} \begin{bmatrix} 0 \\ 1 \end{bmatrix} = \frac{1}{\sqrt{2}}|0\rangle - \frac{1}{\sqrt{2}}|1\rangle
\end{aligned}
$$

　2つの量子ビットを入力し、両方をアダマールゲートを通すとします。4つの基底ベクトルは次のような線形結合に変換されます。

- $|0\rangle \otimes |0\rangle$ を作用させた場合

$$\left(\frac{1}{\sqrt{2}}|0\rangle + \frac{1}{\sqrt{2}}|1\rangle\right) \otimes \left(\frac{1}{\sqrt{2}}|0\rangle + \frac{1}{\sqrt{2}}|1\rangle\right) = \frac{1}{2}(|00\rangle + |01\rangle + |10\rangle + |11\rangle)$$

- $|0\rangle \otimes |1\rangle$ を作用させた場合

$$\left(\frac{1}{\sqrt{2}}|0\rangle + \frac{1}{\sqrt{2}}|1\rangle\right) \otimes \left(\frac{1}{\sqrt{2}}|0\rangle - \frac{1}{\sqrt{2}}|1\rangle\right) = \frac{1}{2}(|00\rangle - |01\rangle + |10\rangle - |11\rangle)$$

- $|1\rangle \otimes |0\rangle$ を作用させた場合

$$\left(\frac{1}{\sqrt{2}}|0\rangle - \frac{1}{\sqrt{2}}|1\rangle\right) \otimes \left(\frac{1}{\sqrt{2}}|0\rangle + \frac{1}{\sqrt{2}}|1\rangle\right) = \frac{1}{2}(|00\rangle + |01\rangle - |10\rangle - |11\rangle)$$

- $|1\rangle \otimes |1\rangle$ を作用させた場合

$$\left(\frac{1}{\sqrt{2}}|0\rangle - \frac{1}{\sqrt{2}}|1\rangle\right) \otimes \left(\frac{1}{\sqrt{2}}|0\rangle - \frac{1}{\sqrt{2}}|1\rangle\right) = \frac{1}{2}(|00\rangle - |01\rangle - |10\rangle + |11\rangle)$$

　これらすべてを4次元のケットを使って書くと次のようになります。

$$\begin{bmatrix} 1 \\ 0 \\ 0 \\ 0 \end{bmatrix} は \frac{1}{2} \begin{bmatrix} 1 \\ 1 \\ 1 \\ 1 \end{bmatrix}、\quad \begin{bmatrix} 0 \\ 1 \\ 0 \\ 0 \end{bmatrix} は \frac{1}{2} \begin{bmatrix} 1 \\ -1 \\ 1 \\ -1 \end{bmatrix}、$$

$$\begin{bmatrix} 0 \\ 0 \\ 1 \\ 0 \end{bmatrix} は \frac{1}{2} \begin{bmatrix} 1 \\ 1 \\ -1 \\ -1 \end{bmatrix}、\quad \begin{bmatrix} 0 \\ 0 \\ 0 \\ 1 \end{bmatrix} は \frac{1}{2} \begin{bmatrix} 1 \\ -1 \\ -1 \\ 1 \end{bmatrix}。$$

　これは、ある正規直交基底を別の正規直交基底に変換しています。つまり、これに対応する行列として表現できます。この新しい行列を $H^{\otimes 2}$ と呼ぶことにします。

$$H^{\otimes 2} = \frac{1}{2} \begin{bmatrix} 1 & 1 & 1 & 1 \\ 1 & -1 & 1 & -1 \\ 1 & 1 & -1 & -1 \\ 1 & -1 & -1 & 1 \end{bmatrix}$$

H を使用することで、$H^{\otimes 2}$ にパターンが見えてきます。

$$H^{\otimes 2} = \frac{1}{2}\begin{bmatrix} 1 & 1 & 1 & 1 \\ 1 & -1 & 1 & -1 \\ 1 & 1 & -1 & -1 \\ 1 & -1 & -1 & 1 \end{bmatrix}$$

$$= \frac{1}{\sqrt{2}}\begin{bmatrix} \begin{bmatrix} \frac{1}{\sqrt{2}} & \frac{1}{\sqrt{2}} \\ \frac{1}{\sqrt{2}} & -\frac{1}{\sqrt{2}} \end{bmatrix} & \begin{bmatrix} \frac{1}{\sqrt{2}} & \frac{1}{\sqrt{2}} \\ \frac{1}{\sqrt{2}} & -\frac{1}{\sqrt{2}} \end{bmatrix} \\ \begin{bmatrix} \frac{1}{\sqrt{2}} & \frac{1}{\sqrt{2}} \\ \frac{1}{\sqrt{2}} & -\frac{1}{\sqrt{2}} \end{bmatrix} & -\begin{bmatrix} \frac{1}{\sqrt{2}} & \frac{1}{\sqrt{2}} \\ \frac{1}{\sqrt{2}} & -\frac{1}{\sqrt{2}} \end{bmatrix} \end{bmatrix}$$

$$= \frac{1}{\sqrt{2}}\begin{bmatrix} H & H \\ H & -H \end{bmatrix}$$

　このパターンは続きます。3つの量子ビットを、すべてアダマールゲートを通す場合、ゲートは $H^{\otimes 2}$ を使って次のように書けます。

$$H^{\otimes 3} = \frac{1}{\sqrt{2}} \begin{bmatrix} H^{\otimes 2} & H^{\otimes 2} \\ H^{\otimes 2} & -H^{\otimes 2} \end{bmatrix}$$

$$= \frac{1}{2\sqrt{2}} \begin{bmatrix} \begin{bmatrix} 1 & 1 & 1 & 1 \\ 1 & -1 & 1 & -1 \\ 1 & 1 & -1 & -1 \\ 1 & -1 & -1 & 1 \end{bmatrix} & \begin{bmatrix} 1 & 1 & 1 & 1 \\ 1 & -1 & 1 & -1 \\ 1 & 1 & -1 & -1 \\ 1 & -1 & -1 & 1 \end{bmatrix} \\ \begin{bmatrix} 1 & 1 & 1 & 1 \\ 1 & -1 & 1 & -1 \\ 1 & 1 & -1 & -1 \\ 1 & -1 & -1 & 1 \end{bmatrix} & -\begin{bmatrix} 1 & 1 & 1 & 1 \\ 1 & -1 & 1 & -1 \\ 1 & 1 & -1 & -1 \\ 1 & -1 & -1 & 1 \end{bmatrix} \end{bmatrix}$$

$$= \frac{1}{2\sqrt{2}} \begin{bmatrix} 1 & 1 & 1 & 1 & 1 & 1 & 1 & 1 \\ 1 & -1 & 1 & -1 & 1 & -1 & 1 & -1 \\ 1 & 1 & -1 & -1 & 1 & 1 & -1 & -1 \\ 1 & -1 & -1 & 1 & 1 & -1 & -1 & 1 \\ 1 & 1 & 1 & 1 & -1 & -1 & -1 & -1 \\ 1 & -1 & 1 & -1 & -1 & 1 & -1 & 1 \\ 1 & 1 & -1 & -1 & -1 & -1 & 1 & 1 \\ 1 & -1 & -1 & 1 & -1 & 1 & 1 & -1 \end{bmatrix}$$

n が増加すると行列はすぐに大きくなりますが、次のような漸化式によって、素早く計算できます。

$$H^{\otimes n} = \frac{1}{\sqrt{2}} \begin{bmatrix} H^{\otimes(n-1)} & H^{\otimes(n-1)} \\ H^{\otimes(n-1)} & -H^{\otimes(n-1)} \end{bmatrix}$$

テンソル積に作用する方法を示すこれらの行列の積は、「クロネッカー積」と呼ばれます。

サイモンのアルゴリズムでは、これらの行列を詳細に見てゆきますが、次に紹介するアルゴリズムでは、行列の一番上の行に出てくる数がすべて

同じで、$H^{\otimes n}$ の場合は $(\frac{1}{\sqrt{2}})^n$ に等しくなるということを利用します。

8.6 ドイッチ－ジョサのアルゴリズム

ドイッチのアルゴリズムは、1変数の関数を調べました。関数が1つ与えられ、それが定数関数か平衡関数かを判定しました。ドイッチ－ジョサのアルゴリズムは、これを一般化したものです。

n 変数の関数があり、これらの各変数の入力は、これまでと同様、0または1のいずれかで、出力も0または1のいずれかです。関数は、すべての入力が0または1になる定数関数、または半分の入力は0に、あとの半分は1になる平衡関数とします。もしこれらの関数がランダムに与えられた場合、定数関数か、平衡関数かを判別するためには、何回評価しなければならないでしょうか。

まず、$n = 3$ の場合を考えます。関数は3つの入力を受け取り、それぞれが2つの値を取ります。これは、次の $2^3 = 8$ 通りの入力があることを意味します。

$(0, 0, 0)$、$(0, 0, 1)$、$(0, 1, 0)$、$(0, 1, 1)$、$(1, 0, 0)$、$(1, 0, 1)$、$(1, 1, 0)$、$(1, 1, 1)$

古典的アルゴリズムで $f(0, 0, 0)$ を評価し、$f(0, 0, 0) = 1$ という答えを得たと仮定します。これだけでは何もわからないため、別の関数の評価、たとえば $f(0, 0, 1)$ が必要です。もし、$f(0, 0, 1) = 0$ が得られたら、終了です。関数は定数にはなり得ないため、平衡関数とわかります。一方、$f(0, 0, 1) = 1$ が得られた場合、2つの情報から何も推測できません。最悪の場合4回評価して同じ答えを得ることができても、質問に答えることはできません。たとえば、$f(0, 0, 0) = 1$、$f(0, 0, 1) = 1$、$f(0, 1, 0) = 1$、$f(0, 1, 1) = 1$ だとすると、定数関数か平衡関数か判別できません。もう1回関数の評価をする必要があります。次の評価に対する答えも1の場合、関数は定数関数であることがわかります。答えが0の場合、平衡関数であることがわかります。

　このアルゴリズムは一般的に成立します。変数が n 個の関数が与えられ
ると、2^n 個の入力文字列が存在します。最良の場合、オラクルに 2 回問
い合わせるだけで答えを得ることができますが、最悪の場合は $2^{n-1}+1$、
つまりオラクルへの指数関数的回数の問い合わせが必要です。ドイッチー
ジョサのアルゴリズムは、オラクルへの質問を 1 つだけ必要とする量子ア
ルゴリズムであるため、大幅なスピードアップとなります。

　まず最初に、先ほどと同じようにオラクルを作ります。関数ごとに、関
数を表す直交行列を作成する必要があります。これは、先ほどの関数を一
般化するだけです。

　入力が n 個の 0 または 1 の列で、出力が 0 または 1 の関数

$$f(x_0,\ x_1,\cdots,x_{n-1})$$

が与えられた場合、図 8-3 のような F ゲートを構築します。最上行に斜め
線の上に n がありますが、これは n の回路が並列に並んでいるということ
を示します。

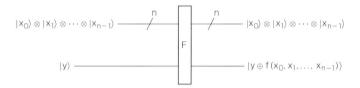

図8-3：F ゲートの構築

　この回路で各 $|x_i\rangle$ が $|0\rangle$ または $|1\rangle$ の場合、何が起こるでしょうか。入
力は $n+1$ 個のケット、$|x_0\rangle \otimes |x_1\rangle \otimes \cdots \otimes |x_{n-1}\rangle$ および $|y\rangle$ で構成されま
す。 最初の n は変数に対応します。出力も $n+1$ のケットで構成され、そ
の最初の n は入力したケットとまったく同じです。最後の出力は、$y=0$
の場合は $|f(x_0,x_1,\ldots,x_{n-1})\rangle$ であり、$y=1$ の場合は $y=0$ のときの 0、
1 の値を反転させた値を取ります。

　次のステップでは、このオラクルを量子回路に実装します。これは、ド

イッチのアルゴリズムに使用される回路の自然な一般化です。すべての上位量子ビットは、オラクルの両側のアダマールゲートを通過します（図8-4）。

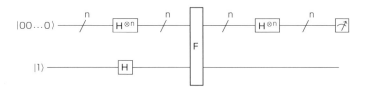

図8-4：ドイッチのアルゴリズムを使用して一般化した回路

この回路が何をするかを段階的に分析しましょう。ここでは $n = 2$ の場合を示します。これは少し見やすくするためですが、他の n に対しても同じようにできます。

ステップ 1 量子ビットをアダマールゲートに通す

上位の n の入力はすべて $|0\rangle$ です。$n = 2$ の場合、これは $|00\rangle$ です。アダマールゲートを通すと量子ビットは次のようになります。

$$
\begin{aligned}
H^{\otimes 2}(|00\rangle) &= \frac{1}{2}\begin{bmatrix} 1 & 1 & 1 & 1 \\ 1 & -1 & 1 & -1 \\ 1 & 1 & -1 & -1 \\ 1 & -1 & -1 & 1 \end{bmatrix}\begin{bmatrix} 1 \\ 0 \\ 0 \\ 0 \end{bmatrix} = \frac{1}{2}\begin{bmatrix} 1 \\ 1 \\ 1 \\ 1 \end{bmatrix} \\
&= \frac{1}{2}(|00\rangle + |01\rangle + |10\rangle + |11\rangle)
\end{aligned}
$$

これは、すべての可能な状態の重ね合わせとなり、各基底ケットの確率振幅は等しくなります（この場合は $1/2$）。

この計算は、n のすべての値に対して機能します。n 量子ビットが $H^{\otimes n}$ を通過した後、すべての可能な状態の重ね合わせになり、各状態は同じ確率振幅である $(\frac{1}{\sqrt{2}})^n$ を持ちます。

　一番下のビットは、$|1\rangle$ です。これは、アダマールゲートを通過した後、$(\frac{1}{\sqrt{2}})|0\rangle - (\frac{1}{\sqrt{2}})|1\rangle$ になります。この段階で、3 つの入力した量子ビットは次の状態になります。

$$\frac{1}{2}(|00\rangle + |01\rangle + |10\rangle + |11\rangle) \otimes \left(\frac{1}{\sqrt{2}}|0\rangle - \frac{1}{\sqrt{2}}|1\rangle\right)$$

これを次のように書き換えます。

$$\frac{1}{2\sqrt{2}}|00\rangle \otimes (|0\rangle - |1\rangle)$$
$$+ \quad \frac{1}{2\sqrt{2}}|01\rangle \otimes (|0\rangle - |1\rangle)$$
$$+ \quad \frac{1}{2\sqrt{2}}|10\rangle \otimes (|0\rangle - |1\rangle)$$
$$+ \quad \frac{1}{2\sqrt{2}}|11\rangle \otimes (|0\rangle - |1\rangle)$$

ステップ 2　量子ビットを F ゲートに通す

　量子ビットを F ゲートに通したあと、量子ビットは次の状態になります。

$$\frac{1}{2\sqrt{2}}|00\rangle \otimes (|f(0,0)\rangle - |f(0,0) \oplus 1\rangle)$$
$$+ \quad \frac{1}{2\sqrt{2}}|01\rangle \otimes (|f(0,1)\rangle - |f(0,1) \oplus 1\rangle)$$
$$+ \quad \frac{1}{2\sqrt{2}}|10\rangle \otimes (|f(1,0)\rangle - |f(1,0) \oplus 1\rangle)$$
$$+ \quad \frac{1}{2\sqrt{2}}|11\rangle \otimes (|f(1,1)\rangle - |f(1,1) \oplus 1\rangle)$$

ここで、a が 0 または 1 の場合、次のようになります。

$$|a\rangle - |a \oplus 1\rangle = (-1)^a(|0\rangle - |1\rangle)$$

このことを利用して 状態を書き換えます。

$$(-1)^{f(0,0)}\frac{1}{2}|00\rangle \otimes \frac{1}{\sqrt{2}}(|0\rangle - |1\rangle)$$
$$+ \quad (-1)^{f(0,1)}\frac{1}{2}|01\rangle \otimes \frac{1}{\sqrt{2}}(|0\rangle - |1\rangle)$$
$$+ \quad (-1)^{f(1,0)}\frac{1}{2}|10\rangle \otimes \frac{1}{\sqrt{2}}(|0\rangle - |1\rangle)$$
$$+ \quad (-1)^{f(1,1)}\frac{1}{2}|11\rangle \otimes \frac{1}{\sqrt{2}}(|0\rangle - |1\rangle)$$

これは、最下位の量子ビットと上位量子ビットはもつれていません。上位 2 量子ビットを見ればよく、それらは次の状態にあります。

$$\frac{1}{2}((-1)^{f(0,0)}|00\rangle + (-1)^{f(0,1)}|01\rangle + (-1)^{f(1,0)}|10\rangle + (-1)^{f(1,1)}|11\rangle)$$

同じ議論が $n \neq 2$ で成立します。この段階で、すべての基底ケットの重ね合わせ状態を取得します。

各ケット $|x_0, x_1, \cdots, x_{n-1}\rangle$ に $(\frac{1}{\sqrt{2}})^n (-1)^{f(x_0, x_1, \ldots, x_{n-1})}$ が掛ります。

ステップ 3 上位 2 量子ビットを再びアダマールゲートに通す

次に、状態を列ベクトルに変換してから、アダマール行列のクロネッカー積を掛けます

$$\frac{1}{4}\begin{bmatrix} 1 & 1 & 1 & 1 \\ 1 & -1 & 1 & -1 \\ 1 & 1 & -1 & -1 \\ 1 & -1 & -1 & 1 \end{bmatrix}\begin{bmatrix} (-1)^{f(0,0)} \\ (-1)^{f(0,1)} \\ (-1)^{f(1,0)} \\ (-1)^{f(1,1)} \end{bmatrix}$$

ただし、結果の列ベクトルのすべての要素を計算するわけではありません。一番目の要素を計算するだけです。この要素は、行列の一番上の行に対応するブラに、列ベクトルで指定されたケットを掛けたもので、次のようになります。

$$\frac{1}{4}((-1)^{f(0,0)} + (-1)^{f(0,1)} + (-1)^{f(1,0)} + (-1)^{f(1,1)})$$

これは、ケット $|00\rangle$ の確率振幅です。関数についてこの振幅を計算しま

しょう。

f が定数関数で、すべての入力に対し 0 を出力する場合、確率振幅は 1 です。

f が定数関数で、すべての入力に対し 1 を出力する場合、確率振幅は -1 です。

f が平衡関数の場合、確率振幅は 0 となります。

ステップ 4　上位量子ビットの測定

上位の量子ビットを測定すると、00、01、10、11 のいずれかが得られます。そのため問題は「00 が得られたか」になります。関数が定数の場合、確率 1 で 00 が得られます。平衡関数の場合、確率 0 で 00 が得られます。したがって、測定の結果が 00 になる場合、関数は定数関数であることがわかります。結果が 00 でない場合、関数は平衡関数です。この結果は一般的な n に対しても成立します。量子ビットを測定する直前の $|0 \ldots 0\rangle$ の確率振幅は次のようになります。

$$\frac{1}{2^n}\left((-1)^{f(0,0,\ldots,0)} + (-1)^{f(0,0,\ldots,1)} + \ldots + (-1)^{f(1,1,\ldots,1)}\right)$$

$n = 2$ と同様に、この数値は、f が定数の場合は ± 1 になり、f が平衡関数の場合は 0 になります。したがって、すべての測定値が 0 である場合、関数は定数関数です。少なくとも 1 つの測定値が 1 の場合、関数は平衡関数です。

その結果、回路を 1 回使用するだけで、任意の n でドイッチ-ジョサの問題を解くことができます。単にオラクルに一度問い合わせるだけです。古典アルゴリズムでは、最悪の場合 $2^{n-1} + 1$ の質問が必要でした。量子アルゴリズムによる高速化は劇的と言えます。

8.7 サイモンのアルゴリズム

これまで見てきた 2 つのアルゴリズムは、たった 1 回のオラクルへの問い合わせで確実に最終的な答えを得るという点で大変珍しいものです。ほとんどの量子アルゴリズムは、量子アルゴリズムと古典的アルゴリズムを併用し、量子回路も複数回使用され、そして、測定による確率も伴います。サイモンのアルゴリズムには、これらがすべて含まれています。ただし、アルゴリズムを説明する前に、どんな問題か議論する必要があり、さらにそれを行う前に、2 進数文字列同士を加算する、という方法を導入する必要があります。

2 を法とする文字列のビット単位の加算

$\oplus$ を排他的論理和（XOR）、または同等に 2 を法とする加算として定義します。

$$0 \oplus 0 = 0 \quad 0 \oplus 1 = 1 \quad 1 \oplus 0 = 1 \quad 1 \oplus 1 = 0$$

この定義を拡張して、同じ長さの 2 進数文字列を加算します。

$$a_0 a_1 \cdots a_n \oplus b_0 b_1 \cdots b_n = c_0 c_1 \cdots c_n$$

ここで、

$$c_0 = a_0 \oplus b_0, \; c_1 = a_1 \oplus b_1, \; \cdots, \; c_n = a_n \oplus b_n$$

これは 2 進数で加算を行うようなものですが、すべての桁で繰り上がりは無視されます。ビット単位の加算の具体例を次に示します。

$$
\begin{array}{r}
1101 \\
\oplus \quad 0111 \\
\hline
1010
\end{array}
$$

サイモンの問題

　長さ n の2進数文字列を長さ n の2進数文字列に変換する関数 f があります。f には、$y = x$ または $y = x \oplus s$ の場合に限り、$f(x) = f(y)$ となるような、秘密の2進数文字列 s があるという特性があります。s はすべて0となる文字列にすることはできません。これにより、異なる入力文字列のペアが同じ出力文字列を持つようになります。問題は、秘密の文字列を決定することです。次にあげる例で、これらの定義の意味が理解しやすくなるでしょう。

　$n = 3$ とします。関数 f は長さ3の2進数文字列を取り、長さ3の他の2進数文字列に変換します。秘密の文字列が $s = 110$ であると仮定します。そうすると次のような一覧が作れます。

$$000 \oplus 110 = 110 \quad 001 \oplus 110 = 111 \quad 010 \oplus 110 = 100 \quad 011 \oplus 110 = 101$$
$$100 \oplus 110 = 010 \quad 101 \oplus 110 = 011 \quad 110 \oplus 110 = 000 \quad 111 \oplus 110 = 001$$

　この結果、s のこの値に対して、次の組み合わせが得られます。

$$f(000) = f(110) \quad f(001) = f(111) \quad f(010) = f(100) \quad f(011) = f(101)$$

　この性質を持つ関数を次に示します。

$$f(000) = f(110) = 101 \qquad f(001) = f(111) = 010$$
$$f(010) = f(100) = 111 \qquad f(011) = f(101) = 000$$

　今、関数 f の具体的な形は未知としますが、秘密の文字列 s について知りたいとします。問題は、s を得るためには何回関数を評価する必要があるか、です。

　文字列に対して関数 f を評価し続けます。繰り返し答えが得られるとすぐに停止します。同じ出力を与える2つの入力文字列が見つかったら、すぐに s を計算できます。たとえば、$f(011) = f(101)$ であることがわかっ

た場合、

$$011 \oplus s_0 s_1 s_2 = 101$$

となります。

$$011 \oplus 011 = 000$$

を使って、両辺の左側に 011 をビット単位の加算を行って、次のように解を得ます。

$$s_0 s_1 s_2 = 011 \oplus 101 = 110$$

　古典的アルゴリズムを使った場合、何回関数を評価する必要があるでしょうか。3 ビットなので 8 通りの 2 進数文字列が考えられます。これらのうち 4 つを評価して 4 つとも異なる値が得られる場合がありますが、5 番目の評価ではペアが必ず得られます。一般に、長さ n の文字列には 2^n の 2 進数文字列があり、最悪の場合、同じ 2 進数文字列が出力されるまでには $2^{n-1} + 1$ 回の関数評価が必要です。そのため、最悪の場合にはオラクルに $2^{n-1} + 1$ 回問い合わせれば良いことがわかります。量子アルゴリズムを見る前に、アダマール行列のクロネッカー積をもう少し詳しく見る必要があります。

ドット積とアダマール行列

　同じ長さの 2 つの 2 進数文字列 $a = a_0 a_1 \cdots a_{n-1}$ と $b = b_0 b_1 \cdots b_{n-1}$ に対して、ドット積を $a \cdot b$ として次のように定義します。

$$a \cdot b = a_0 \times b_0 \oplus a_1 \times b_1 \oplus \cdots \oplus a_{n-1} \times b_{n-1}$$

ここで × は通常の乗算を示します。したがって、たとえば、$a = 101$ および $b = 111$ の場合、$a \cdot b = 1 \oplus 0 \oplus 1 = 0$ です。この操作は、2 つの対応する項を乗算したあと合計をとって奇数か偶数か決めることと同じです。

　コンピュータサイエンスでは、数を数えるのに 0 から始めることがあります。その時は 1 から 4 まで数える代わりに 0 から 3 までを数えます。また、2 進数を使用することもよくあります。数字の 0、1、2、3 は 00、01、

10、11 のように 2 進数で表されます。4×4 行列が与えられた場合、以下に示すように、これらの数字で行と列にラベルを付けます。

$$
\begin{array}{c}
 \begin{array}{cccc} 00 & 01 & 10 & 11 \end{array} \\
\begin{array}{c} 00 \\ 01 \\ 10 \\ 11 \end{array}
\begin{bmatrix}
* & * & * & * \\
* & * & * & * \\
* & * & * & * \\
* & * & * & *
\end{bmatrix}
\end{array}
$$

この行列内の要素の位置は、その要素の行と列の両方をあげることで指定できます。i 番目の行と j 番目の列の要素を $i \cdot j$ にすると、次の行列が得られます。

$$
\begin{array}{c}
 \begin{array}{cccc} 00 & 01 & 10 & 11 \end{array} \\
\begin{array}{c} 00 \\ 01 \\ 10 \\ 11 \end{array}
\begin{bmatrix}
0 & 0 & 0 & 0 \\
0 & 1 & 0 & 1 \\
0 & 0 & 1 & 1 \\
0 & 1 & 1 & 0
\end{bmatrix}
\end{array}
$$

この行列を $H^{\otimes 2}$ と比較してみましょう。ドット積行列の 1 である要素は、$H^{\otimes 2}$ の負の要素とまったく同じ位置にあることに注意してください。$(-1)^0 = 1$ および $(-1)^1 = -1$ なので、

$$
H^{\otimes 2} = \frac{1}{2}
\begin{bmatrix}
(-1)^{00 \cdot 00} & (-1)^{00 \cdot 01} & (-1)^{00 \cdot 10} & (-1)^{00 \cdot 11} \\
(-1)^{01 \cdot 00} & (-1)^{01 \cdot 01} & (-1)^{01 \cdot 10} & (-1)^{01 \cdot 11} \\
(-1)^{10 \cdot 00} & (-1)^{10 \cdot 01} & (-1)^{10 \cdot 10} & (-1)^{10 \cdot 11} \\
(-1)^{11 \cdot 00} & (-1)^{11 \cdot 01} & (-1)^{11 \cdot 10} & (-1)^{11 \cdot 11}
\end{bmatrix}
$$

となります。正と負の要素がどこにあるかを見つけるこの方法は一般の場合にも使えます。たとえば、番号 101 の行と番号 111 の列にある $H^{\otimes 3}$ の要素が必要な場合、ドット積を計算して 0 を得ます。これは、要素が正であることを示しています。

アダマール行列とサイモンの問題

アダマール行列のクロネッカー積の要素を計算する方法がわかったので、これを使って、この行列の 2 つの列の加算をするとどうなるかを見てみましょう。サイモンの問題で与えられた秘密の文字列によってペアになっている 2 つの列同士を加算します。一方の列に文字列 b のラベルが付けられている場合、もう一方の列はラベル $b \oplus s$ となります。これらの 2 つの列を加えます。

説明のために、長さ 2 の文字列について、秘密の文字列が 10 であると仮定します。列 00 と 10、または列 01 と 11 を加えます。

$$H^{\otimes 2} = \frac{1}{2} \begin{bmatrix} 1 & 1 & 1 & 1 \\ 1 & -1 & 1 & -1 \\ 1 & 1 & -1 & -1 \\ 1 & -1 & -1 & 1 \end{bmatrix}$$

00 列と 10 列を加えると、次のようになります。

$$\frac{1}{2} \begin{bmatrix} 1 \\ 1 \\ 1 \\ 1 \end{bmatrix} + \frac{1}{2} \begin{bmatrix} 1 \\ 1 \\ -1 \\ -1 \end{bmatrix} = \frac{1}{2} \begin{bmatrix} 2 \\ 2 \\ 0 \\ 0 \end{bmatrix}$$

01 列と 11 列を加えると、次のようになります。

$$\frac{1}{2} \begin{bmatrix} 1 \\ -1 \\ 1 \\ -1 \end{bmatrix} + \frac{1}{2} \begin{bmatrix} 1 \\ -1 \\ -1 \\ 1 \end{bmatrix} = \frac{1}{2} \begin{bmatrix} 2 \\ -2 \\ 0 \\ 0 \end{bmatrix}$$

確率振幅の一部が増幅され、一部がキャンセルされていることに注意してください。何が起こっているのでしょうか。

積とビット単位の加算が通常の指数法則に従っていることは容易に確認

できます。

$$(-1)^{a\cdot(b\oplus s)} = (-1)^{a\cdot b}(-1)^{a\cdot s}$$

これにより、$a\cdot s = 0$ の場合 $(-1)^{a\cdot(b\oplus s)}$ と $(-1)^{a\cdot b}$ が等しくなることがわかります。そして、$a\cdot s = 1$ の場合、$(-1)^{a\cdot(b\oplus s)}$ と $(-1)^{a\cdot b}$ は、反対の符号を持ちます。まとめると以下のようになります。

$$(-1)^{a\cdot(b\oplus s)} + (-1)^{a\cdot b} = \pm 2 \qquad a\cdot s = 0 \text{ の場合}$$

$$(-1)^{a\cdot(b\oplus s)} + (-1)^{a\cdot b} = 0 \qquad a\cdot s = 1 \text{ の場合}$$

これにより、b と $b\oplus s$ で指定された 2 つの列を加えると、$a\cdot s = 1$ の場合、a 行目の要素は 0、$a\cdot s = 0$ の場合、2 または –2 になります。

例に戻ると、列の下の 2 つの要素が 0 である理由は、これらの行のラベルが 10 と 11 であり、これらの両方が秘密の文字列 s と 1 の内積を持っているためです。ゼロ以外の要素は、ラベル 00 と 01 の行にあり、これらは両方とも s との内積が 0 です。

これで、サイモンの問題の量子回路を理解するために必要な知識が得られました。回路を通すと秘密の文字列 s との内積が 0 である文字列が得られます。アダマール行列の 2 つの列を加算することでそれを行います。次の節で詳しく見てゆきましょう。

サイモンの問題の量子回路

最初にすることは、オラクル（f のように動作するゲート）を構築することです。図 8-5 の回路はその構成を示しています。

これは、同じ長さの $|0\rangle$ と $|1\rangle$ で構成される 2 つの文字列を入力すると考えることができます。上部の文字列は変更されません。下部の文字列は上部の文字列を使って評価した関数をビット単位に加えたものになります。

図 8-6 の回路は、このアルゴリズムの回路を示しています。

ここでは $n = 2$ の場合について説明しますが、すべての n についても同じように成立します。

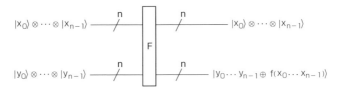

図8-5：オラクルを構築する

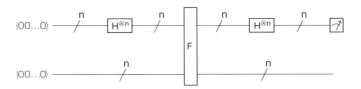

図8-6：アルゴリズムを実装

　最初のステップは、アダマールゲートを通過する上部レジスタの量子ビットを考えます。上位2つの量子ビットは、最初は状態 $|00\rangle$ にありますが、アダマールゲートを通過した後は次の状態になります。

$$\frac{1}{2}(|00\rangle + |01\rangle + |10\rangle + |11\rangle)$$

　下位の量子ビットは状態 $|00\rangle$ のままです。したがって、この段階では4つの量子ビットは次の状態にあります。

$$\frac{1}{2}(|00\rangle \otimes |00\rangle + |01\rangle \otimes |00\rangle + |10\rangle \otimes |00\rangle + |11\rangle \otimes |00\rangle)$$

　次に、量子ビットが F ゲートを通過します。これにより、状態が次のように変更されます。

$$\frac{1}{2}(|00\rangle \otimes |f(00)\rangle + |01\rangle \otimes |f(01)\rangle + |10\rangle \otimes |f(10)\rangle + |11\rangle \otimes |f(11)\rangle)$$

　上位の量子ビットはアダマールゲートを通過し、状態が次のように変わります。

$$\frac{1}{4}(|00\rangle + |01\rangle + |10\rangle + |11\rangle) \otimes |f(00)\rangle$$

$$+ \quad \frac{1}{4}(|00\rangle - |01\rangle + |10\rangle - |11\rangle) \otimes |f(01)\rangle$$

$$+ \quad \frac{1}{4}(|00\rangle + |01\rangle - |10\rangle - |11\rangle) \otimes |f(10)\rangle$$

$$+ \quad \frac{1}{4}(|00\rangle - |01\rangle - |10\rangle + |11\rangle) \otimes |f(11)\rangle$$

$+$ および $-$ は、$H^{\otimes 2}$ の行列からきています。ここで、最初の 2 つの量子ビットに解いて項を並べ替えると、次のようになります。

$$\frac{1}{4}|00\rangle \otimes (|f(00)\rangle + |f(01)\rangle + |f(10)\rangle + |f(11)\rangle)$$

$$+ \quad \frac{1}{4}|01\rangle \otimes (|f(00)\rangle - |f(01)\rangle + |f(10)\rangle - |f(11)\rangle)$$

$$+ \quad \frac{1}{4}|10\rangle \otimes (|f(00)\rangle + |f(01)\rangle - |f(10)\rangle - |f(11)\rangle)$$

$$+ \quad \frac{1}{4}|11\rangle \otimes (|f(00)\rangle - |f(01)\rangle - |f(10)\rangle + |f(11)\rangle)$$

この状態の記述方法には、いくつかの便利な点があります。1 つ目は、ここでも、$+$ と $-$ 符号のパターンが $H^{\otimes 2}$ 行列から得られることです。2 つ目は、テンソル積の左側にある量子ビットのペアが行番号に対応することです。$f(b) = f(b \oplus s)$ であることを使うと、$|f(b)\rangle = |f(b) \oplus s\rangle$ となるので、確率振幅を加えることで、これらの項を組み合わせて式を単純にできます。これは、足し合わせることに対応します。具体的には、$s = 10$ ならば、$f(00) = f(10)$ かつ $f(01) = f(11)$ です。これを状態に代入します。

$$\frac{1}{4}|00\rangle \otimes (|f(00)\rangle + |f(01)\rangle + |f(00)\rangle + |f(01)\rangle)$$
$$+ \quad \frac{1}{4}|01\rangle \otimes (|f(00)\rangle - |f(01)\rangle + |f(00)\rangle - |f(01)\rangle)$$
$$+ \quad \frac{1}{4}|10\rangle \otimes (|f(00)\rangle + |f(01)\rangle - |f(00)\rangle - |f(01)\rangle)$$
$$+ \quad \frac{1}{4}|11\rangle \otimes (|f(00)\rangle - |f(01)\rangle - |f(00)\rangle + |f(01)\rangle)$$

計算して簡単にすると次のようになります。

$$\frac{1}{4}|00\rangle \otimes (2|f(00)\rangle + 2|f(01)\rangle)$$
$$+ \quad \frac{1}{4}|01\rangle \otimes (2|f(00)\rangle - 2|f(01)\rangle)$$
$$+ \quad \frac{1}{4}|10\rangle \otimes (0)$$
$$+ \quad \frac{1}{4}|11\rangle \otimes (0)$$

テンソル積の左側のケットには、行列の行番号のラベルが付いています。テンソル積の右側の 0 は、s のドット積が 1 である行にあります。

状態は次のように単純化できます。

$$\frac{1}{\sqrt{2}}|00\rangle \otimes \frac{1}{\sqrt{2}}(|f(00)\rangle + |f(01)\rangle) + \frac{1}{\sqrt{2}}|01\rangle \otimes \frac{1}{\sqrt{2}}(|f(00)\rangle - |f(01)\rangle)$$

上位 2 つの量子ビットを測定すると、それぞれ確率 $1/2$ で 00 または 01 が得られます。$n = 2$ の比較的単純なケースのみを見てきましたが、n のすべての値に対して同じことが成り立ちます。このプロセスの最後に、秘密の文字列とのドット積が 0 である文字列の 1 つになります。どちらになるかは確率 $1/2$ です。

すべて終わっても、s がまだわからないことを心配しているかもしれません。そこでサイモンのアルゴリズムの古典的な部分の出番です。

サイモンのアルゴリズムの古典的部分

$n = 5$ の例から始めます。秘密の番号 $s = s_0 s_1 s_2 s_3 s_4$ があることがわかっています。00000 は秘密の番号とはしないので、s には $2^5 - 1 = 31$ 通りの可能性があります。サイモンの量子回路を使用してそれを見つけます。

たとえば、10100 を答えとして得たとします。これと s のドット積が 0 になることがわかっています。したがって、

$$1 \times s_0 \oplus 0 \times s_1 \oplus 1 \times s_2 \oplus 0 \times s_3 \oplus 0 \times s_4 = 0$$

は、$s_0 \oplus s_2 = 0$ であることを示しています。s_0、s_2 は 0 または 1 であるため、$s_0 = s_2$ だとわかります。再び 10100 が得られないことを期待して、回路を再度実行します（可能性は 1/16 なので、だいたい成功します）。そして、00000 でないことも期待します。なぜなら何も得られないからです。そこで 00100 を得たとします。

$$0 \times s_0 \oplus 0 \times s_1 \oplus 1 \times s_2 \oplus 0 \times s_3 \oplus 0 \times s_4 = 0$$

これは、s_2 が 0 でなければならないことを示しています。最初のステップから、s_0 も 0 でなければならないことがわかります。そしてもう一度回路を実行し、11110 を得たとします。

$$1 \times 0 \oplus 1 \times s_1 \oplus 1 \times 0 \oplus 1 \times s_3 \oplus 0 \times s_4 = 0$$

これにより、$s_1 = s_3$ であることがわかります。さらに回路を実行すると、00111 が得られたとします。

$$0 \times 0 \oplus 0 \times s_1 \oplus 1 \times 0 \oplus 1 \times s_3 \oplus 1 \times s_4 = 0$$

$s_3 = s_4$ がわかります。また、$s_1 = s_3$ なので、$s_1 = s_3 = s_4$ です。すべての桁が 0 となることはないので $s_1 = s_3 = s_4 = 1$ である必要があります。したがって s は 01011 であるとわかりました。この例では、オラクルを 4 回呼び出しました。

この時点で、疑問が湧き上がります。1 つ目は、量子回路の出力を使用

して s を見つけるアルゴリズムです。特定の場合でどうすべきかはわかりましたが、任意の場合のアルゴリズムはあるでしょうか。2つ目の疑問はオラクルに尋ねる質問の回数です。古典アルゴリズムを見ると、最悪の場合 $2^{n-1}+1$ の質問の後、間違いなく答えが出ることがわかりました。しかし、量子アルゴリズムを考えると、最悪のケースはランダムに答えを得ているので、はるかに悪くなります。たとえば、s と 0 の内積がありますが、同じ答えを複数回得る場合があります。量子回路を $2^{n-1}+1$ 回実行して、可能性は低いですが毎回 0 だけの文字列を取る場合もあります。0 だけの文字列には情報はなく、オラクルに対して $2^{n-1}+1$ の質問をしても、秘密の文字列について何も情報が得られないことがありえます。これらの両方の懸念に対処しましょう。

　回路を実行するたびに、s との内積がゼロである数を得ます。これにより、n 個の未知数における線形方程式が得られます。回路を数回実行すると、複数の方程式が得られます。前の例では、各段階で新しい方程式を取得しましたが、その新しい方程式は新しい情報を提供しました。専門用語でいうと、新しい方程式はそれまでの方程式と線形独立であるといいます。s を計算するには、$n-1$ 個の線形独立な式が必要です[5]。

　連立方程式を解くためのアルゴリズムは非常によく知られています。数値線形代数という分野でよく研究されていて多くのアプリケーションがあり、ほぼすべての科学計算に利用されています。ここでは、n 次線形連立方程式を解くために必要なステップ数が、n を含む2次式で制限できる、ということをいうだけにとどめます。つまり $O(n^2)$ 時間で解けます。

　もう1つの質問は、量子回路を何回実行する必要があるかです。指摘したように、最悪のシナリオでは、何回量子ビットを回路に通して実行して

---

[5]　線形連立方程式を見たことがあるかもしれませんが、n 個の未知数を持つ線形連立方程式を解くには n 個の方程式が必要であることを思い出してください。これは、係数が実数の場合に当てはまりますが、今回は係数は 0 または 1 のみです。この制限と、すべての 0 の文字列は s に含まれないということで、方程式の数が1つ減ります。

も、一切情報を取得することはできません。ただしこのような場合はほとんどありえません。これについては、次の節で詳しく説明します。

8.8 複雑さのクラス

複雑さの理論では、解決に多項式時間を要する問題と、多項式時間を超える時間を要する問題を分類することに着目します。多項式時間アルゴリズムは、n の非常に大きな値に対しても実用的であると見なされますが、非多項式時間アルゴリズムは、大きな n に対しては実行不可能であると見なされます。

ある問題が、古典アルゴリズムを使えば多項式時間で解ける場合、P で示されます。また、ある問題が量子アルゴリズムを使えば多項式時間で解ける場合、QP で示されます（EQP と示されることもあります）。通常、これらの用語を使用する場合、アルゴリズムが実行するステップ数を指しますが、オラクルに尋ねる回数を数える、複雑さを測定する新しい方法 ― クエリの複雑さ ― を定義したことを忘れないでください。ドイッチ－ジョサ問題はクラス P ではなく、クエリの複雑さのために QP に属していることを見ました（定数関数は次数 0 の多項式です）。これは、ドイッチ－ジョサ問題が P と QP を分離する、クエリの複雑さのために P ではなく QP に属する問題であると言われることがあります。

ただし、古典アルゴリズムの最悪のシナリオを思い出してみましょう。たとえば、$n = 10$ とし、10 個の入力を受け取る関数が与えられ、それが平衡関数、または定数関数であることを判定するとします。答えを推測できるまで、特定の入力で関数を評価し続けます。これは、可能な入力が $2^{10} = 1,024$ あるということです。最悪のシナリオは、平衡関数の場合で、最初の 512 回の評価で同じ答えが得られ、513 回目の評価で他の値が得られる場合です。これが起こる可能性はどのようなものでしょう。平衡関数の場合、各入力値に対して 0 または 1 を等しく得る可能性があります。

これは、公正なコインを投げて表または裏が出る確率と比較できます。公正なコインを 512 回投げて、毎回 512 個の表が出る確率は $(1/2)^{512}$ で、これは 1 を 1 グーゴルで割った値より小さくなります。グーゴルは 10^{100} と、ありえないくらい小さな数です。

あるコインについて、それが公正か、それとも両面とも表かを尋ねられたとします。一回投げて表が出た場合はどちらかわかりません。しかし、10 回投げて毎回表が出た場合、コインは両面とも表だと確信できます。もちろん間違っている可能性もありますが、実際には、10 回連続で表が出る可能性が非常に小さい限り、両面とも表だということを受け入れます。

このようなことを限界誤差複雑度クラスの問題に対して行います。許容範囲内であると考えられる誤差が発生する可能性の限界を選びます。次に、誤差範囲内で質問に答えることができるアルゴリズムを調べます。ドイッチ-ジョサの例に戻って、少なくとも 99.9 パーセントの成功率がほしい、または同じことですが 0.1 パーセント未満に失敗率を抑えたい、と仮定します。平衡関数の場合、関数を 11 回評価し、毎回 0 になる確率は 0.00049 以下です。同様に、毎回 1 を取得する確率も 0.00049 以下です。その結果、11 回とも同じ回答が連続して得られる確率は、0.001 未満です。したがって、0.1 パーセントのエラーの確率のバウンドを受け入れたい場合、最大 11 回の関数評価ができます。関数評価中に 0 と 1 の両方が得られた場合、その時点でアルゴリズムを停止でき、確実に平衡関数であることがわかります。また、11 回の関数評価ですべて同じ値が出た場合、関数は定数であるとします。間違っている可能性がありますが、間違っている確率は選んだ失敗率よりも低くなっています。この議論はどの n でも成り立つことに注意してください。いずれの場合も、最大で 11 個の関数評価が必要です。

古典アルゴリズムが、ある誤差範囲内の確率で多項式時間で解くことができる問題は、BPP（限界誤差確率的多項式時間）で示されます。ドイッチ-ジョサ問題はクラス BPP にあります。

　ここで、ある誤差範囲内で BPP にあるが、それより小さな誤差範囲内では BPP にはない可能性があるか、という疑問があります。しかし、そういうことはないことがわかっています。つまり、ある問題がクラス BPP にある場合、どんな誤差範囲を選択しても、クラス BPP にとどまります。

　サイモンのアルゴリズムに戻ります。$n-1$ の線形独立方程式ができるまで、量子ビットを回路に通し続ける必要があります。最悪の場合、このプロセスは永遠に続く可能性があるため、サイモンのアルゴリズムはクラス QP にはありません。ただし、誤差が許容できる範囲を選択してみましょう。すると $(1/2)^N$ が誤差範囲より小さくなるように N を計算できます。

　証明は割愛しますが、回路を $n+N$ 回実行すると、$n+N$ の方程式が得られ、その中に $n-1$ の線形独立方程式を含む確率が $1-(1/2)^N$ より大きいことを示すことができます。

　では、サイモンのアルゴリズムを解説しましょう。最初に、許容誤差範囲を決め、値 N を計算します。N は n に依存しません。どのような場合でも同じ N を使用できます。サイモンの回路を $n+N$ 回実行します。問い合わせの回数は $n+N$ 回です。N は固定されているため、回数は n の線形関数です。$n+N$ の連立方程式には $n-1$ 個の独立したベクトルが含まれていると仮定します。間違っている可能性がありますが、その可能性は許容誤差範囲内に入っています。次に、古典アルゴリズムを使用して、$n+N$ 方程式のシステムを解きます。所要時間は $n+N$ の2次になりますが、N は定数であるため、これは n の2次になります。アルゴリズム全体には、$O(n^2)$ を取る古典的アルゴリズムに線形時間を取る量子アルゴリズムが含まれており、全体として2次時間を与えます。量子アルゴリズムが、ある誤差範囲内で多項式時間で解くことができる問題は、BQP（限界誤差量子多項式時間）と呼ばれます。サイモンのアルゴリズムは、クエリの複雑さの問題が BQP に属することを示しています。古典アルゴリズムは、最悪の場合、$2^{n-1}+1$ 回の関数の評価を必要とすることを示しました。これは、多項式ではなく n の指数関数であるため、間違いなく問題は

P に属しません。また、誤差範囲を指定したとしても、アルゴリズムは指数関数的であることを証明できるため、この問題は BPP に属しません。サイモンの問題は、問い合わせの複雑さのために BPP と BQP を分離すると言います。

8.9　量子アルゴリズム

この章は、多くの一般向け説明で、量子アルゴリズムによる高速化が、量子並列性のみに起因すると言われていることから始めました。量子並列性を使うと、すべての基底の重ね合わせを入力として一度に計算できます。ただし、3 つのアルゴリズムを見て、量子並列性を使用する必要があるものの、さらに多くのことを行う必要があることを確認しました。ここでは何が必要か、どうして難しいのか、その理由を簡単に見ていきます。

本章で学んだ 3 つのアルゴリズムは最も基本的であり、標準的と考えられていますが、ご存知のとおり、これらは決して自明なものではありません。アルゴリズムが公開された日付は、どのように量子アルゴリズムが考えられたかという意味で重要です。デイビッド・ドイッチは、1985 年の画期的な論文でアルゴリズムを公開しました。これは史上初の量子アルゴリズムであり、量子アルゴリズムは古典アルゴリズムよりも高速であることを示しました。ドイッチとジョサは、7 年後の 1992 年にドイッチのアルゴリズムの一般化を公開しました。かなり単純な一般化に見えるにも関わらず、非常に長い時間がかかったことに驚くかもしれませんが、一般化が自然に見えるのは現代的な表記法を用いているからです。ドイッチの論文は、本書で述べているように、問題を正確に述べてはおらず、現在標準となっている量子回路の図を使用してもいません。とはいえ、重要なアルゴリズムの多くが、彼が非常に生産的な時期であった、1993 年から 1995 年にかけて発見されました。ダニエル・サイモンのアルゴリズムはこの時

期に公開されました。ピーター・ショアとロブ・グローバー[6]によるアルゴリズムも同様です。これらは第 9 章で説明します。

　直交行列は量子ゲートを表します。量子回路は、ゲートの組み合わせで構成されています。これらは直交行列の乗算に対応し、直交行列の積は直交行列になるため、任意の量子回路を 1 つの直交行列で記述することができます。これまで見てきたように、直交行列は基底の変化に対応します。これは問題の異なる見方に対応します。これが重要なアイデアです。量子コンピュータは、従来のコンピュータよりも多くの方法で問題を表示できます。しかし、より効率的であるためには、不正解から正解を分離するような表示が必要です。量子コンピュータが従来のコンピュータよりも速く解決できる問題は、直交行列を使用して変換したときにのみ見えるようになる構造を持つ必要があります。

　私たちが見てきた問題は明らかに通常とは逆に解析されています。長年検討してきた重要な問題ではなく、量子計算の観点に立てば、問題を簡単に解決できることを発見したにすぎません。しかも、扱ったのはアダマール行列のクロネッカー積の構造を使用して特別に作成された問題です。もちろん、本当に望んでいるのは、問題を逆に解くのではなく、重要な問題について、既知の古典アルゴリズムよりも高速な量子アルゴリズムを開発することです。これはピーター・ショアが 1994 年の画期的な論文で達成したことです。そこで彼は、（特に）量子コンピューティングを使用して、現在インターネットセキュリティに使用されている暗号を破る方法を示しました。第 9 章では、量子コンピューティングが社会に与える影響について説明します。その中でショアのアルゴリズムについて簡単に解説します。

---

[6]　Lov Kumar Grover（1961 年 —）

量子コンピューティングの与える影響

　当然ですが、量子コンピューティングの長期的な影響を正確に予測することは不可能です。1950年代に起きた現代のコンピュータの誕生を振り返ってみると、そこからどれだけのコンピュータが社会を変えるのか、そしてどの程度私たちがそのコンピュータに依存するのかを予測することは誰にもできませんでした。当時のコンピュータの先駆者は、世界はほんの一握りのコンピュータを必要とするだけであり、誰も各家庭にコンピュータなど必要としないと予測していた、という有名な話があります。実はこの話は、特定のタイプのコンピュータについて言及したもので、前後の文脈を無視した取り上げられたため、誇張されてしまいましたが、与えた印象は本当です。当初、コンピュータは巨大で、空調の効いた部屋に置く必要があり、そしてあまり信頼できるようなものではありませんでした。今日、私はノートPC、スマートフォン、そしてタブレットを持っています。それら3台とも昔のコンピュータよりはるかに強力です。アラン・チューリング[1]のような先見の明がある人でさえ、現在のようにコンピュータが社会のあらゆるレベルにおいて、細部にまで浸透しているという事実に驚くことでしょう。チューリングはチェスや人工知能については論じていましたが、eコマースやソーシャルメディアの台頭が私たちの生活の大部分を支配するようになるとは誰も予想していなかったはずです。

　量子コンピューティングはまだ黎明期で、昔のコンピュータの黎明期と

---

[1]　Alan Mathieson Turing（1912年 — 1954年）

比較するのが適切なように思えます。今まで作られてきた量子コンピュー
タは大型の上あまり強力ではなく、たいてい極低温まで冷却する必要があ
る超伝導回路が入っています。たくさんの量子コンピュータを作る必要は
なく、それらの社会への影響は最小限になるだろうと言っている人もすで
にいます。しかし、私の意見ではこれらの意見は非常に近視眼的です。確
かに 50 年後に世界がどのようになるかを予測することは不可能ですが、こ
こ数年の量子コンピューティングの劇的な変化を見て、それが向かってい
る方向を確認することができます。私たちが強力な汎用型量子コンピュー
タを手に入れるのはしばらく時間がかかるかもしれませんが、そこに至る
過程においても、量子コンピューティングは私たちの生活に多大な影響を
与えそうです。この章では、これから起こり得るいくつかの事象を見てい
きます。かなり深く 3 つのアルゴリズムを見てきた第 8 章とは対照的に、
より多種多様なトピックを広く浅く見ていきます。

9.1　ショアのアルゴリズムと暗号解読

　暗号解析に関する量子計算の重要な成果は、ショアのアルゴリズムです。
このアルゴリズムを完全に理解するには、多くの数学的知識が必要です。
オイラーの定理や数論における連分数展開などがあります。また、複素解
析や離散フーリエ変換の知識も必要とします。それは量子計算の理論を活
用するのに、単なる初等数学からより膨大な数学的素養を必要とすること
を意味しています。そのため、アルゴリズムを詳細に説明することはしま
せんが、重要度が高いので概観することにします。

　ショアのアルゴリズムは、サイモンのアルゴリズムのように、量子アル
ゴリズム部分と古典アルゴリズム部分を持つアルゴリズムです。量子アル
ゴリズム部分は、サイモンのアルゴリズムと似ています。アルゴリズムに
関する簡単な説明に入る前に、ショアが取り組もうとしていた課題につい
て見ていきたいと思います。

RSA 暗号

RSA 暗号方式は、その発明者であるロナルド・リベスト[2]、アディ・シャミア[3]、レオナルド・エーデルマン[4]にちなんで名付けられました。彼らはまず、論文で発表し、そして 1978 年に特許化をしました。その後、イギリスの諜報機関である英国政府通信本部（GCHQ）に勤務するクリフォード・コックス[5]が 1973 年に本質的に同じアルゴリズムを発明していたことが明らかになりました。イギリスはそれを機密扱いとしましたが、彼らはそれをアメリカに渡していました。しかし、アメリカ、イギリスの諜報機関のどちらもそれを使用せず、RSA 暗号がどれほど重要になるかを認識していなかったようです。今日では、あるコンピュータから別のコンピュータに送信されるデータを暗号化するためにインターネット上で広く使用されています。インターネットバンキングや、クレジットカードを利用したオンライン通販に使用されます。

秘密情報を銀行と共有すると同時に、盗聴される可能性のある人物から保護したい、という例を用いて、暗号化アルゴリズムがどのように機能するかを見てみましょう。

銀行と通信をしたいときは、傍受されてもデータが読み取れないようにデータを暗号化します。データの実際の暗号化は、あなたと銀行が暗号化と復号化の両方を行う共有する鍵を使用して行われます。これは共通鍵と呼ばれ、両方の当事者によって秘密にしておく必要があります。この鍵はあなたのコンピュータで生成され銀行に送られますが、もちろん、それを暗号化せずに送ることはできません。銀行との通信を暗号化するために使用する鍵自体を暗号化する必要があります。ここで RSA 暗号化が登場します。これにより鍵を安全に銀行に送信することができます。

---

[2]　Ronald Linn Rivest（1947 年 —）
[3]　Adi Shamir（1952 年 —）
[4]　Leonard Max Adleman（1945 年 —）
[5]　Clifford Christopher Cocks（1950 年 —）

　まず最初に、銀行との通信を開始するために、あなたのコンピュータは、あなたと銀行の両方の暗号化と復号に後で使用される鍵を生成します。この鍵を K と呼びます。

　銀行のコンピュータは、p と q の 2 つの大きな素数を受け取ります。それらの素数はおおよそ同じサイズである必要があり、法と呼ばれる積 $N = pq$ には、10 進数で表現すると少なくとも 300 桁（2 進数で 1,024 桁）が含まれている必要があり、これは安全を確保するには十分に大きな数と認識されています。これを実行するのはかなり簡単です。これらの素数を生成し、2 つの素数を乗算して係数 N を求めるには効率的な方法があります。

　2 番目のステップは、銀行が $p - 1$ または $q - 1$ のいずれとも共通の因数を持たない比較的小さい数 e を見つけることです。これも計算が簡単です。銀行は素数 p と q を秘密にしておきますが、数字 N と e を送ります。

　あなたのコンピュータは K の鍵を取り出し、それを e 乗して、N で割った後の余りをとります。再度言いますがこれは簡単です。これは $K^e \bmod N$ と呼ばれる数です。これを銀行に送信します。銀行は N を p と q に素因数分解する方法を知っていて、そしてすぐに K を求めることができます。

　もし誰かが通信を盗聴していて、銀行が送った N と e の両方を知り、同時にあなたが送った $K^e \bmod N$ も知ったとします。K を計算するために、盗聴者は N の素因数である p と q を知る必要がありますが、これらは知られることなく安全です。システムの安全性は、盗聴者が p および q を得るために N を素因数分解することができないという事実に依存しています。

　問題は、2 つの大きな素数の積である数を素因数分解することがどれほど難しいかということです。答えは、それはとても難しいと考えられています。RSA 暗号化に関連する他のすべてのステップは、多項式時間で実行できる古典的アルゴリズムがありますが、多項式時間で 2 つの大きな素数の積を素因数分解できる古典的アルゴリズムはまだ発見されていません。

しかし、その一方で、そのようなアルゴリズムが存在しないという証拠もありません。

　ここでショアの登場です。ショアは大きな素数の積を因数分解する量子アルゴリズムを構築しました。このアルゴリズムは BQP クラスに属しています。つまり、多項式時間内で、ある誤り確率で問題を解くことができます。重要なこととして、クエリの複雑さについてはもう考える必要はありません。今回はステップの総数、つまり計算の開始から終了までに必要な時間を数えていて、オラクルについては仮定をせず、各ステップに具体的なアルゴリズムを与えています。アルゴリズムが BQP に属しているという事実は、大きな数の素因数分解が実行可能になることを意味し、そしてより重要なことに、量子回路が実際に構築できるようになれば RSA 暗号はもはや安全ではないことを意味します。

ショアのアルゴリズム

　ショアのアルゴリズムは数学が大部分を占めます。量子部分については、短く、若干曖昧な説明です。

　アルゴリズムの重要な部分は、量子フーリエ変換ゲートと呼ばれるゲートです。これはアダマールゲートの一般化と考えることができます。実際、1 量子ビットの場合、量子フーリエ変換ゲートは H（アダマールゲート）と同じです。$H^{\otimes n-1}$ の行列から $H^{\otimes n}$ の行列への変換方法を説明した再帰式を使用したことを思い出してください。同様に、量子フーリエ変換行列の再帰式を与えることができます。$H^{\otimes n}$ と量子フーリエ変換行列との間の主な違いは、後者の場合の要素は一般に複素数であり、より具体的には、それらは複素数の根です。$H^{\otimes n}$ の要素は 1 または -1 のいずれかであったことを思い出してください。これらは共に 1 の平方根です。1 の四乗根を探すと、実数を使用している場合は同様に ± 1 ですが、複素数を使用している場合はさらに 2 つの根が得られます。一般に、1 は n 個の複素数の n 乗根を持ちます。n 量子ビットの量子フーリエ変換行列は、すべての 2^n

番目の複素数の根を持ちます。

サイモンのアルゴリズムは $H^{\otimes n}$ の性質に基づいていました。振幅が 1 または -1 になるときについて干渉を使います。項を追加するとケットはお互いをキャンセルするか、または強め合います。ショアは量子フーリエ変換行列に適用された同様の考え方で、振幅は 1 と -1 だけでなく、2^n のすべての複素数の根を使うことで、サイモンのアルゴリズムよりも多くの種類の周期を検出できる、ということに気付いたのです。

ある数 N を 2 つの素数 p と q の積に素因数分解することを思い出してください。アルゴリズムは、まず $1 < a < N$ を満たす数 a を選びます。続いて、a と N が共通の因数を持つかを調べます。もし因数があれば、a が p または q のいずれかの倍数であることがわかり、そこから因数分解を行うのは簡単です。もし、a と N が互いに素であれば、$a \bmod (N)$、$a^2 \bmod (N)$、$a^3 \bmod (N)$ などを計算します。$a^i \bmod (N)$ は a^i を計算し、N で割った余りを計算します。これらの数は余りであるため、それらはすべて N より小さくなります。この処理を繰り返すと、最終的に $a^r \bmod (N) = a \bmod (N)$ となるような数 r が見つかるでしょう。この数 r が周期と呼ばれるもので、ショアのアルゴリズムの量子計算部分が求めるものです。r が見つかると、古典アルゴリズムはこれを使って N の因数を見つけます。

さて、ショアのアルゴリズムの量子部分がどのように機能するかについて大雑把な説明をしました。重要な点は、秘密の文字列 s を見つけるためのサイモンのアルゴリズムを、a の未知の周期 r を見つけるために一般化できる、ということです。

小さい数についてですが、ショアのアルゴリズムは量子コンピュータ上で実行されました。2001 年には 15 が素因数分解され、2012 年には 21 が素因数分解されました。明らかに、現時点で 300 桁の数字を素因数分解するにはかけ離れています。しかし、量子回路が実際にこのサイズの数を素因数分解できるように構築されるまでにどれくらい時間がかかるでしょ

うか。RSA暗号化方式がもはや使われなくなるのは時間の問題にすぎない
ようです。

　長年にわたり、他の暗号化方法が開発されてきましたが、ショアのアル
ゴリズムはこれらの多くでも機能します。そして、古典的なコンピュータ
による攻撃だけでなく量子コンピュータによる攻撃にも耐えられる、新し
い暗号化方法を開発する必要があることが明らかになってきました。

　耐量子暗号は現在非常に活発な分野であり、新しい暗号化方法が開発さ
れています。もちろん、これらに量子コンピューティングを使用しなけ
ればならない理由はありません。暗号化されたメッセージが、量子コン
ピュータによる解読に耐えられればいいだけです。しかし、量子論は、安
全なコードを構築する方法を私たちに与えてくれます。

　これまで、安全な2つの量子鍵配送（QKD）方式を見てきました。BB84
とエッカートのプロトコルです。いくつかの研究室でQKDシステムを稼
働させることに成功しています。また、QKD方式によるシステムを販売
している会社もいくつかあります。QKDが実用的に初めて使用されたの
は2007年で、ID Quantiqueがスイスの議会選挙中に集計所とジュネー
ブの投票事務所との間で、投票の送信を保護するためのシステムを導入し
た時でした。

　多くの国が、光ファイバーを使った小さな量子ネットワークを実験して
います。衛星を介してこれらを接続し、世界規模の量子ネットワークを形
成することができる可能性があります。これは金融機関にとって非常に興
味深いものです。

　これまでのところ、最も印象的な結果は、量子実験に注力している中国
が打ち上げた衛星の実験です。この衛星は、光に関する研究を行っていた、
中国の哲学者にちなんで「墨子（QUESS）」と名付けられました。墨子は
第7章で説明した量子テレポーテーションを使用した衛星で、QKDにも
使用されました。中国のチームがオーストリアのチームと通信し、大陸間
QKDが達成されました。安全な接続が確保されると、チームはお互いに

写真を送りました。中国のチームはオーストリアのチームに墨子の写真を送り、オーストリアのチームはシュレディンガーの写真を中国のチームに送りました。

9.2 グローバーのアルゴリズムとデータ検索

　今はビッグデータの時代です。膨大なデータの効率的な検索は、多くの主要企業にとって最優先事項です。グローバーのアルゴリズムはデータ検索を高速化する可能性を秘めています。

　ロブ・グローバーは、1996 年にこのアルゴリズムを発明しました。ドイッチやサイモンのアルゴリズムと同様に、クエリの複雑さの観点からは古典的アルゴリズムよりも高速化されていますが、現実のデータ検索のためのアルゴリズムを実装するためには、オラクルが必要です。つまり、オラクルの働きをするアルゴリズムは別に作らなければなりません。しかし、グローバーのアルゴリズムの実装方法について説明する前に、それが何をするものなのか、そしてどのように行うのかを見ていきます。

グローバーのアルゴリズム

　目の前に 4 枚のカードがあると想像してください。カードはすべて裏向きです。そのうちの 1 つがハートのエースであって、それが見つけたいカードとします。ハートのエースを見つけるまで何枚のカードをめくる必要があるでしょうか。ラッキーなことに 1 枚めくるだけで見つけられるかもしれません。不運なことにカードを 3 枚めくっても、どれもハートのエースではないかもしれません。それでも、3 枚めくってハートのエースが出なければ、最後のカードがハートのエースであることがわかります。ですから、1 枚から 3 枚のカードをめくった後にハートのエースの場所は確定します。つまり平均して私たちは 2.25 枚のカードをひっくり返す必要があります。

　この種の問題はグローバーのアルゴリズムで取り扱います。アルゴリズムの説明を始める前に、少し問題を言い換えましょう。今、00、01、10、11 の 4 つの 2 進数の文字列があります。これらの文字列のうち 3 つを 0 に出力し、残りの 1 つを 1 に出力する関数 f があります。私たちは 1 に出力される 2 進数の文字列を見つけたいとします。たとえば、$f(00) = 0$、$f(01) = 0$、$f(10) = 1$、$f(11) = 0$ として、$f(10) = 1$ であることがわかるためには、問題を何回評価する必要があるのか、という設問にします。カードではなく関数で言い換えただけなので、答えは前と同じで、平均 2.25 回となります。

　まず、探したい文字列を入力すると 1、そうではない文字列を入力すると 0 を 1 ステップで返すオラクルを構築します。4 つの 2 進数文字列しかないこの例では、図 9–1 のようにオラクルが示されます。

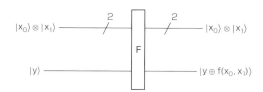

図9-1：f のオラクル

　グローバーのアルゴリズムの回路を図 9–2 に示します。

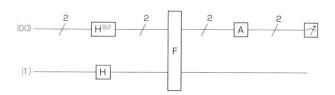

図9-2：グローバーのアルゴリズムの回路

　アルゴリズムには 2 つのステップがあります。1 つ目は、見つけようとしている文字に関する確率振幅の符号を反転することです。2 つ目は、この確率振幅を増幅することです。回路がどのようにこの操作を行うかを示

します。

アダマールゲートを通した後は、上の 2 つの量子ビットの状態は次のようになります。

$$\frac{1}{2}(|00\rangle + |01\rangle + |10\rangle + |11\rangle)$$

下の量子ビットの状態は次のようになります。

$$\frac{1}{\sqrt{2}}|0\rangle - \frac{1}{\sqrt{2}}|1\rangle$$

状態をまとめて書いてみましょう。

$$\frac{1}{2}\left(|00\rangle \otimes \left(\frac{1}{\sqrt{2}}|0\rangle - \frac{1}{\sqrt{2}}|1\rangle\right) + |01\rangle \otimes \left(\frac{1}{\sqrt{2}}|0\rangle - \frac{1}{\sqrt{2}}|1\rangle\right)\right.$$
$$+ |10\rangle \otimes \left(\frac{1}{\sqrt{2}}|0\rangle - \frac{1}{\sqrt{2}}|1\rangle\right)$$
$$\left.+ |11\rangle \otimes \left(\frac{1}{\sqrt{2}}|0\rangle - \frac{1}{\sqrt{2}}|1\rangle\right)\right)$$

その後、量子ビットは F ゲートを通過します。これは私たちが見つけようとしている箇所での 3 番目の量子ビットの $|0\rangle$ と $|1\rangle$ を反転させます。$f(10) = 1$ の例を使用します。

$$\frac{1}{2}\left(|00\rangle \otimes \left(\frac{1}{\sqrt{2}}|0\rangle - \frac{1}{\sqrt{2}}|1\rangle\right) + |01\rangle \otimes \left(\frac{1}{\sqrt{2}}|0\rangle - \frac{1}{\sqrt{2}}|1\rangle\right)\right.$$
$$+ |10\rangle \otimes \left(\frac{1}{\sqrt{2}}|1\rangle - \frac{1}{\sqrt{2}}|0\rangle\right)$$
$$\left.+ |11\rangle \otimes \left(\frac{1}{\sqrt{2}}|0\rangle - \frac{1}{\sqrt{2}}|1\rangle\right)\right)$$

これは次のように書けます。

$$\frac{1}{2}(|00\rangle + |01\rangle - |10\rangle + |11\rangle) \otimes \left(\frac{1}{\sqrt{2}}|0\rangle - \frac{1}{\sqrt{2}}|1\rangle\right)$$

結果として、上の 2 つの量子ビットは下の量子ビットともつれていませんが、探したい箇所に相当する $|10\rangle$ の確率振幅の符号を反転しました。

この段階で、上の 2 つの量子ビットを測定すると、4 つの箇所のうちの 1 つが得られ、4 つの答えのそれぞれが同じように発生します。そこでもう 1 つ工夫が必要となります。それが振幅増幅です。振幅増幅は、すべて

の値の平均まわりで一連の数字を反転することによって機能します。数値が平均より上にある場合は、平均より下に反転します。数値が平均より下にある場合は、平均より上に反転します。いずれの場合も、平均値までの距離は維持されます。説明のために、1、1、1、−1 という 4 つの数字を使用します。その合計は 2 であり、したがって、それらの平均は 2/4 であり、これは 1/2 と等しくなります。数字の列をたどっていきましょう。最初の値は 1 です。これは平均よりも 1/2 大きい値です。平均で反転すると、平均よりも 1/2 だけ下になります。この場合は 0 になります。−1 の値は平均の 3/2 下です。平均で反転すると、平均の 3/2 上、つまり 2 になります。

　上の 2 つの量子ビットは現在下記の状態にあります。

$$\frac{1}{2}|00\rangle + \frac{1}{2}|01\rangle - \frac{1}{2}|10\rangle + \frac{1}{2}|11\rangle$$

　平均まわりで確率振幅を反転すると、$0|00\rangle + 0|01\rangle + 1|10\rangle + 0|11\rangle = |10\rangle$ となります。これを測定すると、確実に 10 が得られます。そのため、平均まわりで反転することで、必要なことが実行できます。平均まわりに反転を実行するゲートまたは、それに等価な直交行列があることを確認する必要があり、それは実際にあって、次のように書けます。

$$A = \frac{1}{2}\begin{bmatrix} -1 & 1 & 1 & 1 \\ 1 & -1 & 1 & 1 \\ 1 & 1 & -1 & 1 \\ 1 & 1 & 1 & -1 \end{bmatrix}$$

　このゲートが上の 2 つの量子ビットに作用すると、次の式が得られます。

$$A \left(\frac{1}{2}|00\rangle + \frac{1}{2}|01\rangle - \frac{1}{2}|10\rangle + \frac{1}{2}|11\rangle \right) = \frac{1}{4} \begin{bmatrix} -1 & 1 & 1 & 1 \\ 1 & -1 & 1 & 1 \\ 1 & 1 & -1 & 1 \\ 1 & 1 & 1 & -1 \end{bmatrix} \begin{bmatrix} 1 \\ 1 \\ -1 \\ 1 \end{bmatrix}$$

$$= \begin{bmatrix} 0 \\ 0 \\ 1 \\ 0 \end{bmatrix} = |10\rangle$$

　この例では、2 つの量子ビットしかないため、オラクルを 1 回使用する
だけで済みます。したがって、$n = 2$ の場合、グローバーのアルゴリズム
は 1 回の問い合せで確実に答えを与えますが、古典的計算では平均 2.25
回の問い合せが必要です。

　まったく同じ考えが n 個の量子ビットに対しても適用できます。見つけ
ようとしている箇所に対応する確率振幅の符号を反転することから始めま
す。それから平均まわりでひっくり返します。しかし、振幅増幅は 2 量子
ビットの場合ほど劇的ではありません。たとえば、8 つの数があり、その
うち 7 つが 1 で、もう 1 つが -1 だとします。それらの合計は 6 なので、
平均は 6/8 です。平均で反転すると、1 は 1/2 になり、-1 は 10/4 にな
ります。その結果、3 つの量子ビットがある場合、振幅増幅を実行した後、
量子ビットを測定すると、他の箇所よりも、見つけようとしている箇所の
方が、高い確率で得られます。懸念点は、間違った答えを得るという可能
性があるということです。より正しい答えが得られる確率が高くなるよう
に、測定する前に振幅をさらに増幅したいのです。解決策は、この手順を
繰り返すことです。再度、見つけようとしている箇所に関連した確率振幅
の符号を反転し、そして再度、平均について反転を実行します。

　一般的な場合を見てみましょう。m のうちの何か 1 つを見つけたいと
します。それを古典的アルゴリズムで見つけるには、最悪のシナリオで

$m-1$ の問い合せをする必要があります。問い合せの数は、m のサイズと同じ割合で増えます。グローバーは、正しい答えを得る確率を最大にするために、回路を使うべき回数の式を計算しました。この式で与えられる数は $\sqrt{m}$ で増えます。これは2次の高速化です。

グローバーのアルゴリズムの応用

　アルゴリズムの実装には多くの課題があります。1つ目は、2次の高速化はクエリの複雑さに対するものであるということです。オラクルを使用する場合、実際にオラクルを作成する必要があります。オラクルの計算に伴うステップ数が、アルゴリズムによって節約されるステップ数を上回る場合は、アルゴリズムが速くなるどころか古典的な計算よりも遅くなります。もう1つの課題は、処理速度を計算する際に、基本的に順序がないデータであると想定していることです。データに構造がある場合、その構造を利用する古典アルゴリズムを見つけることで、ランダムに推測するよりも早く解を見つけることができます。最後の関心事はスピードアップについてです。2次の高速化は、他のアルゴリズムで見た指数関数的高速化とは異なります。もっとうまくできないでしょうか。これらの疑問点を見てみましょう。

　オラクルの実装とデータの構造に関する懸念は両方とも当然出てくるであろう疑問です。グローバーのアルゴリズムはほとんどのデータベース検索には実用的ではないことを示しています。しかし、場合によってはデータの構造によって、効率的に機能するオラクルを構築することが可能となります。このような場合、アルゴリズムは古典アルゴリズムよりも高速化できます。2次の高速化以上のことができるかどうかに関する疑問に対してはお答えしました。グローバーのアルゴリズムが最適であることが証明されています。2次の高速化以上のもので問題を解決できる量子アルゴリズムはありません。2次の高速化は、指数関数的高速化ほど劇的ではないですが、有用であります。大規模なデータでは、どんな高速化でも価値が

あります。

　グローバーのアルゴリズムの主流になりそうなのは、これまで見てきたようなアルゴリズムではなく、その派生にありそうです。特に、振幅増幅の概念は有用なものです。

　いくつかのアルゴリズムを紹介しましたが、ショアとグローバーのアルゴリズムが最も重要と考えられています。他の多くのアルゴリズムが、この 2 つのアイデアを基にしています[6]。では、これからアルゴリズムからアプリケーションに話を移してみましょう。

9.3　化学とシミュレーション

　1929 年、ポール・ディラックは量子力学について、次のように述べています。

> 物理学の大部分と化学の全体の数学的処理に必要な基本法則は完全に知られているが、難しいのは応用としてこれらの法則が導き出す方程式を解くのが複雑すぎることだ。

　理論的には、すべての化学は原子の相互作用と電子の配置を含みます。基礎となる数学モデルはわかっていて、それは量子力学ですが、方程式を書くことはできても、正確に解くことはできません。実際には、化学者は厳密な解を見つける代わりに近似を利用します。計算化学はこのアプローチを取っており、一般的にはうまくいっています。古典的なコンピュータでは多くの場合良い答えが得られますが、現在の計算手法ではうまくいかない分野もあります。そのような分野では近似は十分ではなく、より精度の高い、コストの掛かる計算が必要になります。

---

6 「Quantum Algorithm Zoo」(https://math.nist.gov/quantum/zoo/) は量子アルゴリズムの包括的な一覧を提供しています。

　ファインマンは、量子コンピュータの主な用途の1つが、量子系をシミュレートすることであると考えました。量子の世界に属する化学を学ぶために量子コンピュータを使うことは、とても自然な考え方で、大きな可能性を持ちます。量子コンピューティングが重要な貢献をすることが望まれる分野がいくつかあります。そのうちの1つは、肥料を作るのに使われる酵素、ニトロゲナーゼが実際にどのように機能するのかを理解することです。現在の化学肥料の製造方法はかなりの量の温室効果ガスを放出し、かなりのエネルギーを消費します。量子コンピュータは、これらの肥料の製造方法や、他の触媒反応を理解する上で大きな役割を果たす可能性があります。

　シカゴ大学に光合成を調べているグループがあります。太陽光の化学エネルギーへの移行は、迅速かつ非常に効率的に行われるプロセスです。それは量子力学的プロセスです。長期的な目標は、このプロセスを理解して太陽電池に応用することです。

　超伝導と磁性は量子力学的現象です。量子コンピュータはそれらをよりよく理解する助けになるかもしれません。目標の1つは、絶対零度近くまで冷却する必要のない超伝導体を開発することです。

　量子コンピュータの実際の構築はまだ始まったばかりですが、少ない量子ビットでも化学の研究を始めることは可能です。IBMは最近7量子ビットプロセッサ上で水素化ベリリウム（BeH_2）をシミュレートしました。これは原子が3つしかない比較的小さな分子です。シミュレーションには、古典アルゴリズムがで使用されている近似を使用しません。しかしながら、IBMのプロセッサは数量子ビットしか使用しないので、古典的なコンピュータを使用して量子プロセッサをシミュレートすることは可能です。そのため、この量子プロセッサで実行できることはすべて古典的なコンピュータで実行できます。しかしながら、プロセッサがより多くの量子ビットを組み込むと、それらを古典的にシミュレートすることはもはや不可能な点に到達します。私たちはまもなく、量子シミュレーションが古典

的なコンピュータの力を超えるという新しい時代に入ります。

　これまでいくつかの有用なアプリケーションを見てきたので、次に量子コンピュータを構築するために使用されている方法をいくつか簡単に見ていきましょう。

9.4　ハードウェア

　実際に実用的な量子コンピュータを作るためには、いくつかの問題を解決する必要があります。最も深刻な問題はデコヒーレンスでしょう。これは計算とは関係のない環境がなんらか影響をしてしまうという問題です。量子ビットを初期状態に設定し、使用する時までその状態に維持する必要があります。そして、量子ゲート演算や回路を構築する必要があります。どうすれば良い量子ビットにすることができるでしょうか？

　光子は初期化が容易で、もつれやすく、環境とあまり相互作用しないので、それらはコヒーレンスが長いという有用な性質を持っています。その一方で、光子を保存し、必要なときに準備することは困難です。光子は特性上、通信に向いていますが、量子回路を構築するためには課題があります。

　私たちは例として電子スピンを使ってきました。これは実際に使えるのでしょうか。ベルの実験で使用した装置を思い出してください。人造ダイヤモンドに閉じ込められた電子にレーザーを当てて操作する、実際に測定できる装置です。しかし、課題は大きくなりました。1つ、もしくは2つの量子ビットを作ることはできますが、現時点では、大きな量子ビット数を生成することは不可能です。電子を使用する代わりに、原子核のスピンも試されましたが、スケーラビリティが問題となりました。

　他の方法にはイオンのエネルギー準位の利用があります。イオントラップは、電磁場によって定位置に閉じ込めたイオンを使用します。イオンを閉じ込めておくためには振動を最小限に抑える必要があります。すべてを絶対零度近くまで冷却することでこれを実現します。イオンのエネルギー

準位に量子ビットをコード化し、レーザーを用いてこれらを操作すること
ができます。1995 年にデービッド・ワインランド[7]は初の CNOT ゲート
を作るにあたってイオントラップを使用し、ノーベル賞を受賞しました。
2016 年には NIST（National Institute of Standards and Technology）の
研究者は 200 以上のベリリウムイオンでもつれを実現しました。イオント
ラップは将来の量子コンピュータとして利用される可能性があります。ま
た、現在さまざまなコンピュータが異なるアプローチを使用して構築され
ています。

　量子コンピュータと環境との相互作用を最小限に抑えるために、量子コ
ンピュータは常に光や熱から保護されます。量子コンピュータは電磁放射
から遮蔽され、冷却されています。冷却された箇所で起こり得ることの 1
つは、特定の材料がすべての電気抵抗を失う超伝導体となり、有用な量子
的な特性を持つことです。それにはクーパー対やジョセフソン接合と呼ば
れるものを含んでいます。

　超伝導体中の電子はペアになり、いわゆるクーパー対を形成します。こ
れらの電子対は個々の粒子のように振る舞います。超伝導体の薄層で絶縁
体の薄層を挟み込むと、ジョセフソン接合が得られます[8]。これらのジョ
セフソン接合は、磁場を測定するための高感度な機器を作成するため、物
理学や工学で使われています。私たちの目的にとって重要なのは、ジョセ
フソン接合を含む超伝導ループ内のクーパー対のエネルギー準位が離散的
であり、量子ビットを符号化するために使用できるということです。

　IBM は、量子コンピュータとして超伝導量子ビットを使用しています。
2016 年に IBM は、クラウド上で誰でも無料で利用できるようにした 5 量
子ビットプロセッサを公開しました。5 量子ビット以下であれば、誰でも
自分の量子回路を設計し、それをこのコンピュータ上で実行することがで

---

[7]　David Jeffrey Wineland（1944 年 —）
[8]　Brian David Josephson（1940 年 1 月 4 日 — ）は、クーパー対が量子トンネル効果
によりジョセフソン接合の間を流れるという研究によりノーベル物理学賞を受賞しました。

きます。IBM の目的は、多くの人たちに量子コンピュータを広めること
で、超高密度符号化やベルの不等式、水素原子のモデル化などは、すべて
このマシン上で実行されてきました。初期バージョンの戦艦ゲームも実行
されており、最初の量子コンピュータマルチプレイヤーゲームを構築した
と主張しています。2017 年末に、IBM は 20 量子ビットのコンピュータ
をクラウドに接続しました。これは、教育用ではなく、量子コンピュータ
を使いたい企業にアクセス権を販売する、冒険的な事業です。

　Google も量子コンピュータに取り組んでいます。彼らも超伝導量子ビッ
トを利用しています。Google は近い将来、72 量子ビットを搭載するコン
ピュータを発表すると予想されています。この数字に何か特別な意味があ
るのでしょうか？

　量子ビット数が少ない場合には、古典的なコンピュータは量子コンピュー
タをシミュレートすることができます。しかし前述したように量子ビット
の数が増えるにつれて、それがもはや不可能であるというところに到達し
ます。Google はこの点に到達するか、それより多くの量子ビット数を持っ
た量子コンピュータを発表し、そしてこのコンピュータ上で古典的なコン
ピュータでは実行はもちろん、シミュレートすらできないようなアルゴリ
ズムを走らせ、史上初の量子超越性の達成をアナウンスすると考えられて
います。しかし、IBM は戦いを諦めてはいません。彼らは、いくつかの革
新的なアイデアを使い、56 量子ビットシステムを古典的にシミュレートす
る方法を発見し、量子超越性に必要な量子ビット数を増やしました。

　量子コンピュータを作るという作業は続いていますので、他の分野への
波及が起こる可能性があります。量子ビットは符号化しているとはいえ、
環境との相互作用に敏感です。私たちがそのような環境からの相互作用を
深く理解すれ、量子ビットを保護するためのより良い保護層を作ることが
できるでしょう。また逆に、私たちは量子ビットが周囲の環境を測定する
方法を設計することもできるでしょう。一例として、人造ダイヤモンドに
電子を閉じ込めるというのがあります。これらは磁場に非常に敏感です。

NVision Imaging Technologies は、このアイデアを利用して現在のものよりも良く、速く、そして安くなることを目指して NMR 装置を製造しているスタートアップ企業です。

9.5　量子アニーリング

　D-Wave はコンピュータを販売しています。彼らの最新の D-Wave 2000Q は、その名前から推測されるように、2,000 量子ビットが搭載されています。しかし、そのコンピュータは汎用的な用途ではなく、量子アニーリングを利用して組み合わせ最適化問題を解決するために設計されています。これについて簡単に説明しておきましょう。

　鍛冶屋は金属を打ち、金属を曲げなければなりません。その作業過程で、結晶構造にさまざまな応力や変形が発生し、金属が硬化し、作業が困難になることがあります。金属片を高温に加熱し、それからゆっくり冷やすことを「焼きなまし」といい、これによって均一な結晶構造が復元し、金属を再び鍛えることができるようになります。

　シミュレーテッドアニーリングは、焼きなましに基づく一般的な手法で、特定の最適化問題を解決するために使用できます。たとえば、図 9-3 のようなグラフがあり、最も低い点である最小値を求めたいとします。グラフでは 2 次元のバケツの底にあたると考えてください。ボールベアリングを

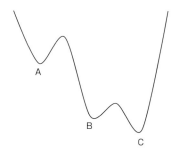

図9-3：グラフの最小値を求めたい

バケツに落とします。ボールベアリングは、図中の A、B、C と名前を付けた、どれか 1 つの谷底に落ち着くでしょう。私たちは最終的に C を探したいとします。ボールベアリングは C の底には着地せず、A の谷に落ち着くかもしれません。焼きなましの重要なポイントは、ボールベアリングを A から押し上げて B に落とし込むのに必要なエネルギーは、ボールベアリングを B から押し上げて A に落とすのに必要なエネルギーよりもはるかに少ないという点です。そこで、これら 2 つのエネルギー値の中間のエネルギーでバケツを振るのです。すると、ボールは A から B には移動できますが、戻ることはできません。このエネルギーのレベルでしばらく振ると、それは A か B のどちらかの谷に落ち着きます。しかし、このレベルで振ると C から B にボールを送ることができてしまいます。次のステップは、それを再び振ることですが、より少ないエネルギーで実行します。それは、B から C へ到達するのには十分なエネルギーですが、C から B へ戻すのには不十分です。

　実際にこれを振り始めて、徐々にエネルギーを減らしていきます。これは従来の焼きなましで金属片を徐々に冷却することに相当します。その結果、ボールベアリングは最下点にとどまり終了します。このようにして関数の最小値を見つけることができます。

　また、量子アニーリングは量子トンネル効果を利用することができます。これはボールベアリングがちょうど丘の反対側にすり抜けることのできる量子的な現象です。丘を乗り越えるのではなく、すり抜けることができます。ボールベアリングが登ることができる丘の高さを低くする代わりに、トンネルの長さを短くすることですり抜けられるようにするのです。

　D-Wave は最適化問題に対応した量子アニーリングタイプの多数の市販用のコンピュータを作ってきました。当初は、そのコンピュータが実際に量子トンネル効果を使用しているかどうかについていくつかの懐疑的な意見がありましたが、現在は一般的には量子効果があると認識されています。そのコンピュータが古典的なコンピュータよりも速いかどうかという疑問

がまだありますが、購入している会社はあります。たとえば、フォルクス
ワーゲン、Google、そしてロッキードマーチンなどは D-Wave マシンを
購入しています。

　ここまで簡単にハードウェアについて見てきて、私たちはより深い質問
に目を向けていきます。私たち自身について、宇宙について、また最も本
質的なレベルにおいて計算とは何なのか、量子コンピューティングは私た
ちに何を教えてくれるのでしょうか。

9.6　量子超越性と並行宇宙

　3 ビットの組み合わせは 000、001、010、011、100、101、110、111
の 8 通りあります。この 8 という数字は 2^3 から来ています。最初のビッ
トに 2 つ、2 番目に 2 つ、3 番目に 2 つの選択肢があり、これら 3 つの
2 を掛け合わせると 8 になります。ビットの代わりに量子ビットを考える
と、これらの 8 つの 3 ビット文字列のそれぞれが基底ベクトルと関連付け
られるため、ベクトル空間は 8 次元になります。まったく同じように、n
個の量子ビットがある場合、2^n 個の基底ベクトルがあり、空間は 2^n 次元
になることがわかります。量子ビットの数が増えるにつれて、基底ベクト
ルの数は指数関数的に増え、急速に大きくなります。

　72 量子ビットの場合、基底要素の数は 2^{72} です。これは約 4,000,000,000,
000,000,000,000 という膨大な数であり、古典的なコンピュータが量子
コンピュータをシミュレートすることができなくなる境界あたりにある
と考えられています。量子コンピュータが 72 以上の量子ビットを持つよ
うになると、量子コンピュータが古典的なコンピュータの能力を超えた
計算を行うことができる、量子超越の時代に入ります。前述したように、
Google はこの時代に突入したことを発表しようとしていると予想されま
す。D-Wave は最新のコンピュータで 2,000 量子ビットあります。しか
し、この特殊なマシンは、従来のコンピュータでは不可能だった計算がで

きていないので、量子超越性の壁を越えていません。

300 量子ビットのマシンを考えてみましょう。これは、近い将来に実現できない数字ではないと思われます。それにしても 2^{300} は膨大な数です。それは現在知られている宇宙に存在する素粒子の数以上のものです！ 300 量子ビットを使用した計算は、2^{300} の基底要素を含みます。デイビッド・ドイッチは、宇宙に存在する粒子よりも多くの基底要素を含む、このような計算はどこで行われるのかを考えました。そこで、互いに影響し合う並行宇宙の考え方を導入する必要があると考えました。

量子力学と並行宇宙の考え方は、ヒュー・エヴェレット[9]に遡ります。エヴェレットの意見は、私たちが測定をするときは常に、宇宙はいくつかのコピーに分割され、それぞれが異なる結果を含むということです。これは明らかに少数派の見解ですが、ドイッチは強固な信者です。1985 年の彼の論文は量子コンピューティングにおける基礎的な論文の 1 つでありますが、この論文に関するドイッチの目標の 1 つは、並行宇宙に関する主張をすることでした。彼は、いつの日かベルが行ったような実験によって、彼の解釈が裏付けられることを期待しています。

9.7 計算

アラン・チューリングは計算理論の父の 1 人です。1936 年の画期的な論文で、深く計算について考えています。計算を実行したときに人間が何をしたかを考察し、それを最も基本的なレベルに展開しました。私たちがチューリングマシンと呼んでいる単純な仮想的な機械が、どんなアルゴリズムも実行できるということを示しました。チューリングの仮想的な機械は現代のコンピュータへと進化しました。いわゆる汎用的なコンピュータです。チューリングの分析から、最も基本的な操作がわかりました。それらはビットの操作を含みます。しかし、チューリングは人間の行動に基づ

---

[9]　Hugh Everett III（1930 年 — 1982 年）

いて計算を分析していたことを忘れないでください。

　フレドキン、ファインマン、そしてドイッチは、宇宙は計算を行っており、計算は物理学の一部であると論じています。量子計算によって、人間がどのように計算するかという視点から、宇宙はどう計算をするのかに焦点が変わります。1985 年のドイッチの論文は、計算理論の中でも画期的な論文と見なされるべきです。その中で、彼は基本単位はビットではなく量子ビットであると言っています。

　私たちは、もうまもなく量子超越を実現するだろうということを見てきました。古典的なコンピュータではシミュレートできない量子コンピュータが手に入るようになりますが、その逆はどうでしょうか。量子コンピュータは古典的なコンピュータをシミュレートすることができるのでしょうか。答えは「イエス」です。任意の古典的な計算は、量子コンピュータ上で実行することができます。したがって、量子計算は古典的計算よりもより汎用的であると言えるでしょう。量子計算は、いくらかの特殊な計算をする変わった方法ではありません。むしろ、それらは計算の新しい概念です。量子計算と古典計算を 2 つの異なるものとして考えるべきではありません。計算は実際は量子計算です。古典的な計算は、量子計算の特別な場合と言えるでしょう。

　この観点から見ると、古典的な計算は、本質的な計算を人間を中心に解釈したもののようです。コペルニクスが地球は宇宙の中心ではないことを示したり、ダーウィンが人間は他の動物から進化したことを示したように、計算は人間を中心としなくなってきていることがわかり始めています。量子コンピューティングは、真のパラダイムシフトを提示しています。

　私は、古典的な計算が時代遅れになると言ってるのではありませんが、より本質的なレベルの計算があり、計算の最も基本的なレベルが量子ビット、量子もつれおよび重ね合わせを含む、ということが、認められるようになっていくことでしょう。現時点では、特定の量子アルゴリズムが古典的なものより速いことを示すことに焦点が当てられていますが、この傾向

は変化していくでしょう。量子物理学は量子計算よりもずっと長い間、研究が続けられており、今では一分野として受け入れられています。物理学者は、量子物理学を古典物理学と比較して、それがなにかしら優れていると示したいと望んでいるわけではありません。彼らは量子物理学そのものを研究しています。量子計算でも同じような移行が起こるでしょう。私たちは計算の研究手法を変えるような新しいツールを与えられました。それらを使って実験を行い、どのような新しいものが構築できるのかを確かめるようになるでしょう。この取り組みは、量子テレポーテーションや超高密度符号化などから始まっており、今後も続いていくでしょう。

　私たちは、計算の本質は何かという新しい考え方とともに、新しい時代を迎えようとしています。私たちがこれから発見しようとしていることを言い当てるの不可能ですが、今は探索とイノベーションの時代です。量子計算における最高の時代が目の前に到来しています。

索 引

装丁　山口了児（zuniga）

[監訳者紹介]

●湊雄一郎（みなと・ゆういちろう）
東京都生まれ。東京大学工学部卒業。隈研吾建築設計事務所を経て、2008 年に MDR 株式会社設立。2017〜19 年内閣府 ImPACT 山本プロジェクト PM 補佐を務める。研究分野・テーマはイジングモデルアプリケーション、量子ゲートモデルアプリケーション、各種ミドルウェアおよびクラウドシステム、量子ビット。著作に『いちばんやさしい量子コンピューターの教本』（インプレス）がある。

●中田真秀（なかた・まほ）
1997 年京都大学工学部工業化学科卒、2003 年京都大学大学院工学研究科 博士（工学）取得。学術振興会特別研究員、理化学研究所基礎科学特別研究員などを経て理化学研究所 技師。興味は量子化学、量子コンピュータ、高精度計算、最適化、ハイパフォーマンス・コンピューティングなど。

みんなの量子コンピュータ

2020 年 01 月 24 日　初版第 1 刷発行
2020 年 03 月 10 日　初版第 2 刷発行

著　者　　　Chris Bernhardt（クリス・バーンハルト）
監　訳　　　湊雄一郎（みなと・ゆういちろう）
監　訳　　　中田真秀（なかた・まほ）
発行人　　　佐々木幹夫
発行所　　　株式会社翔泳社（https://www.shoeisha.co.jp/）
印刷・製本　株式会社加藤文明社印刷所

ISBN978-4-7981-6357-4　　　　　　　　　　Printed in Japan